U0307213

中国航天基金会推荐航天科普读物

吴季 著

走进深空

INTO THE DEEP SPACE

浙江教育出版社 · 杭州

图书在版编目（CIP）数据

走进深空 / 吴季著. -- 杭州 : 浙江教育出版社,
2022.11
　　ISBN 978-7-5722-4582-4

　　Ⅰ. ①走… Ⅱ. ①吴… Ⅲ. ①空间探索－中国－普及
读物 Ⅳ. ①V11-49

中国版本图书馆CIP数据核字(2022)第197816号

走进深空
ZOUJIN SHENKONG

吴季　著

策　　划	周　俊　吴颖华	责任校对	余晓克
责任编辑	吴颖华	责任印务	陆　江
文字编辑	骆　珈	封面设计	顾　页
美术编辑	韩　波		

出版发行　浙江教育出版社
　　　　　　（杭州市天目山路40号　电话:0571－85170300－80928）
图文制作　杭州兴邦电子印务有限公司
印　　刷　杭州富春印务有限公司
开　　本　710mm×960mm　1/16
印　　张　16.5
字　　数　165 000
版　　次　2022年11月第1版
印　　次　2022年11月第1次印刷
标准书号　ISBN 978-7-5722-4582-4
定　　价　48.00元

如发现印、装质量问题，影响阅读，请与承印厂联系调换。

联系电话:0571－64362059

序

本书的作者吴季研究员，在我负责嫦娥工程I期的时候，是我们探测器有效载荷的总指挥。他率团队所做的工作对于中国探月和月球科学研究都是具有开创性意义的。在他离开领导岗位后，我又看到他连着写了两部关于月球的科幻小说《月球旅店》和《月球峰会》。在书中我不仅仅读到了生动的故事，也看到了他对中国未来月球开发的深入思考。

这本《走进深空》是我读到的、吴季创作的另一本好书。他在向读者提供关于太阳系的基本知识的同时，也将自己对人类未来深空探测和开发的设想融入其中。的确，人类探索深空，最终的目标是开发和利用深空资源。但是如果不具备关于深空的基本科学知识，不明白如何跨越那遥远的距离和克服各种引力,空谈离开地球摇篮是没用的。此外,人类在真正从技术上攻克了那些难题之后,还要面临相关的法律和政治问题。如果没有一个境界更高的人类命运共同体的概念,地球上的地缘政治和纷争说不定也会带到其他星球去。因此,人类未来走进深空必然是科学、技术和人文同时高度发展的结果。

中国的经济和科技发展目前正处在一个转型的阶段。我们正在从跟踪、学习逐渐转向创新和引领。创新和引领的力量首先来自科学的认知,而不是无知的蛮干。科学的认知除了基于人类的知识积累以外,还需要我们面向自然回答那些尚未解答的重大科学问题,同时也要置身其中,敢于提出前人没有提出过的科学问题。而要想做到技术创新,引领深空探测航天技术的发展,我们就必须对困难有深入的认知和理解,最好的办法也是置身其中,感受其困难,发现最佳的技术解决方案。本书的最大特点,就是尽可能地把读者带到太阳系之中,给读者最大限度的身临其境的感觉。

　　展望未来,我们相信,人类是一定可以走出地球摇篮的。在这个过程中,也一定不会少了中国人的身影。我们目前置身其中的这个世界,正处在百年未有之大变局中。别人的未来我们无法预测,但是中国人的未来却掌握在我们自己手中。因此,我们应该做好准备,从科学认知、技术能力上,甚至站在未来人类发展的角度,在观念、思想以及国际合作相关的各个方面都做好准备。希望这本书,能够在这些方面起到一个启蒙的作用。

原国防科工委副主任、首次探月工程总指挥、中国工程院院士

2022 年 9 月 2 日

前 言
Preface

在我上小学的时候，关于太阳、月球、地球和其他行星的知识，都是在常识课中学到的。记得那是在小学四年级的时候，老师带到教室做演示的一个机械的太阳系装置让我印象深刻。老师摇动装置中的手柄，地球模型便开始运动，除了自转，还会围绕太阳公转，还有一个非常小的月球同时围着地球在转。听说现在的小学生是在科学课里学习太阳系知识的，不知道他们是不是也有那样的机械模型，抑或是通过老师准备的视频课件来认识太阳系的全貌。但是我相信，现在学生的学习环境与我们那时已经非常不同了。因为现在人类的太空活动是如此频繁，我们的航天员都可以在中国的空间站里给大家上科学课了。那么，普通人对太空科学知识的了解就一定远远超过从前了吗？如果我们走在街上，随便问一个路人，中国的空间站为什么可以在太空中不掉下来？月球为什么总是一面朝向我们，让我们看不到它的另一面？我们一定会得到千奇百怪的答案。对普通人来说，这些太空常识好像还是非常神秘，太空也好像距离人们十分遥远。

　　我觉得这其中有一个原因，那就是信息技术的发展给人类创造了一个更加吸引人、更加容易得到的虚拟空间。人们可以非常容易地通过计算机或手机的屏幕看到一切。元宇宙概念诞生，并迅速地进入一部分人的日常生活，更是把我们从宏大的太空拉到了虚拟的世界中。长此以往，人类也许就会忘记那个真实的、更为宏大的世界，忘记除了地球，还有广袤的太阳系。人类是太阳系中唯一的智慧物种，我们不仅仅是地球的主人，还应该是太阳系的主人。因此，我们之中的很多人对太阳系仍然知之甚少，且并不知道我们不仅是地球的主人，还是太阳系的主人这个事实。

　　这本书正是从离开地球，站在太阳系深空的角度，以尽可能通俗的方式和语言，为大家讲述那个宏大的世界，那个本就应该属于我们人类的太阳系。站在那里俯视地球，不同国家、不同种族、不同政治立场以及不同宗教信仰的人，都将毫无差别、无法区分。站在那里俯视地球，任何争吵都将因为距离遥远而消失，国与国之间的边界也将变得无法分辨，人们看到的只是一个美丽的蓝色星球，而太阳、水星、金星、火星等，也都变得触手可及。

在"科学篇"中，我们会从太阳系的起源讲到遥远的太阳系边界。当然我们不会忘记在每一颗行星，特别是那些未来可能成为人类目的地的天体上停留。

在"技术篇"中，我们要让你相信，我们不是毫无根据地谈走进深空。人类在技术上的进步，让我们有信心未来能够涉足太阳系的各个地方，获取并利用那里的资源。

在"未来篇"中，我们尝试着想象在那些天体上探索、观光，甚至居留。同时我们也不忘对每一个社会群体，在人类走出地球、进入太阳系深空这个历史进程中所应承担的责任给予关注。

　　一百多年前，俄国科学家齐奥尔科夫斯基曾经说过：
"地球是人类的摇篮，但是人类不可能永远待在摇篮中。"为
了尽早实现走进深空的梦想，我们应该从科学知识、技术能
力和思想观念上做好准备。

2022年5月

目 录

Contents

科学篇

技术篇

科学篇

Science

在大约137亿年前，宇宙从一个奇点爆炸开来，10^{-43}秒之后膨胀到10^{-35}米大小，这就是物理学意义上宇宙中的最小尺度。在这之后，宇宙进一步膨胀为充满稠密的基本粒子的"浓汤"，夸克、中微子等一系列的基本粒子开始出现。这一切的发生，也仅仅是在宇宙诞生的一百万分之一秒内。之后的数十秒，中子、质子、电子、光子都开始出现。这其中，由质子和电子构成的最基本的中性物质——氢元素，使宇宙经历了长达数十万年到一亿年的没有光的黑暗时代。然而，由于某种未知的不对称性，部分氢元素因引力作用逐渐聚集在一起，形成了巨大的物质团，并由于高压和高温产生了核聚变，这就是宇宙中的第一代恒星。从此，由星系、恒星、黑洞等各种活动天体组成的宇宙，在恒星不断的诞生和死亡中，走上了不断加速膨胀的发展道路，直至今日。

目前观测确知的宇宙尺度已经膨胀到137亿光年。在这个宇宙中，星系有上千亿个。我们太阳系所在的银河系，仅仅是其中一个中等规模的星系。而在我们的银河系中，如同太阳一样的恒星又有上千亿颗。它们围绕银河系的中心，呈盘状快速地旋转着。太阳这颗普通的恒星，就位于银河系两大旋臂中的一个上，距离银河系的中心约2.5万光年，而整个银河系星盘的尺度超过10万光年。

第一章　太阳系

太阳是银河系中最常见的一种恒星，我们称之为主序恒星。太阳从诞生到现在已经燃烧了大约 46 亿年，这是根据地球的年龄来估算的。因为地球的年龄约为 46 亿年，而在此时间内，太阳从未停止过给地球送来光与热。与太阳大小相当的恒星的寿命大多在 100 亿年左右，因此，太阳现在正处在中年期，而宇宙却已存在 137 亿年了。我们不由得好奇，在这 137 亿年的时间里，太阳是如何诞生的？形成太阳初始物质的那些星际尘埃来自哪颗超新星的爆炸或是其他什么？抑或太阳就是第一代恒星，它的基本物质就来自原始宇宙大爆炸时留下的尘埃？那么，在太阳系的小天体中，是否存在这些原始的、来自太阳系诞生之前的物质呢？

我们已知地球是太阳系中唯一承载生命的行星。但是,对一些落在地球上的陨石的分析表明,在地球以外也有生命存在的可能性。那么地球是太阳系中唯一存在生命的星球吗？如果能在地球以外找到生命的迹象,哪怕是曾经存在过生命的迹象,也会对我们思考地球生命以及人类的过去和未来,带来新的观点。由此可见,在太阳系中寻找地外生命也是一项非常重要的任务。

以上两个方面的问题都是关于"我们从哪儿来"的,而关于"我们到哪儿去",也就是地球和人类的未来是怎样的,这类问题也需要在太阳系中寻找答案。

太阳系中有一些行星和地球非常相似,比如金星和火星。如果考虑到地球的磁场是具有南极和北极的偶极场类型,水星和木星与地球也非常相似。因此,研究太阳系中其他行星与地球的共性和不同之处,或许能成为我们思考地球的过去和未来的途径。

此外,我们的地球并不是处在绝对真空的太阳系中。太阳既是我们生存的能量之源,也会对人类和所有生命的生存带来威胁,这些威胁源自太阳喷发出来的大量高能粒子。由于太阳风也不是稳定和不变的,一旦太阳出现大的爆发,就会给行星际空间带来剧烈的影响。太阳喷发出来的高能粒子,在行星际空间传播、扩散。一旦到达地球,就会对地球磁场、大气层和电离层,以及地球轨道上运行的卫星带来灾害性的影响,严重时还会影响地面技术设施。即使这些高能粒子不到达地球,在行星际空间遇到深空探测器或到达火星时,也会摧毁人类的深空探测器或地外天体上的人类活动基地。但是,人类到现在为止仍没有完全搞清楚太阳是如何产生这些爆发的,无法对此做出准确的预报。也许有朝一日我们离开地球,到行星际空间去观测太阳,甚至对太阳进行尽可能抵近的探测,可以得到这些问题的答案。

可见,如果我们想要了解和回答"我们从哪儿来"和"我们到哪儿去"这两个最为基本的科学问题乃至哲学问题,就必须离开地球,进入太阳系深空开展探测和研究。

起源与演化

太阳系的起源是一个漫长的过程,少则几十万年,多则数亿年。根据恒星演化理论,恒星起源于大量的恒星际尘埃。这些尘埃在围绕银河系中心旋转的过程中,通过相互间引力的作用,不断地碰撞凝聚。

当凝聚到一起的物质达到一定的密度时,内部的压力和温度将诱发核聚变,使大量的氢(最为简单的元素)合成为氦,并释放出巨大的能量。这样的核反应从内到外不断地发生着,使天体持续向外发出光和热,以及几乎全部电磁波段的辐射。这个天体就是我们现在看到的太阳。

部分没有进到太阳内部的物质,逐渐形成一个跟随太阳一起旋转的巨大的行星盘,也就是我们常说的黄道面,即

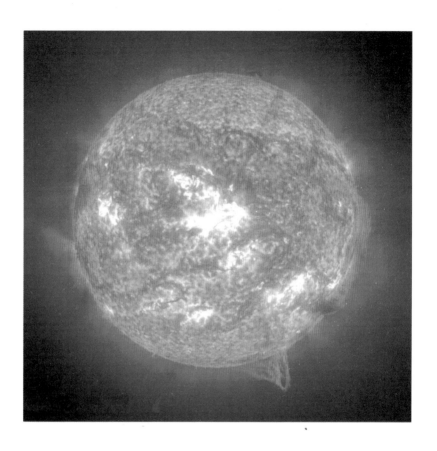

太阳

地球绕太阳公转轨道所在的平面。这些物质因为旋转产生的离心力与太阳对其的引力相互平衡，没有进到太阳内部。它们相互剧烈碰撞，逐渐形成了现在的八大行星。但是仍然有一些没有参与碰撞的小天体悬浮在这个行星盘中，特别是在火星和木星之间，有一个天体数量超过百万的小行星带。小行星的尺度从几米到数千米不等。

然而，这些小天体并不一定都是来自原始星云的物质，比如有些就是在大碰撞期间，从较大的行星中分裂出来的碎片。那么，有多少来自太阳系形成之初的原始星云，有多少是大碰撞之后的残留碎片呢？对这个问题，人类尚未得出准确的答案。它们从成分上来说，是否有显著的不同呢？至少，我们知道经过碰撞分裂出来的碎片，特别是从较大的行星中分裂出来的，应该是经过了高温和高压的。而来自原始星云的物质也许是上一代恒星坍缩后，形成的超新星爆发后的物质，也同样会经历高温和高压。这就是为什么绝大部分由于相互碰撞改变了轨道而掉落到地球上的陨石，都具有球状颗粒的特征。这些球状陨石是如何形成的？如果需要极高的温度才能形成这些球状结构，那么也许只有在上一代恒星爆发时才能有这样的高温。目前科学家们对球状陨石的来源还存在争论。我们需要探索更多的小天体,包括小行星和彗星,才能对太阳系的起源及其演化做出更符合实际的判断。

地球和月球

　　这本书是讨论人类离开地球，在新的活动疆域——太阳系内如何生存和开展科学探索的，因此我们不重点讨论地球本身。不过，离开地球的第一站就是地球的天然卫星月球，因此我们在讨论其他行星之前必须认真地了解一下月球。

　　月球与地球的平均距离是38万千米，光或者无线电波从地球传播到月球大约需要1.3秒，在地月间一个往返需要将近3秒钟的时间。这个时间虽然不长，但也是非常明显的。比如你和月球上的人通电话，你每问对方一个问题，都需要等近3秒钟才能听到他开始回答，那你会是什么感觉？如果你不习惯，就会变成你说你的，他说他的，最后不断地打断对方，而无法做到真正的对话。

月球

　　月球的自旋被地球的引力潮汐锁定,即月球的一面永远朝向地球,换句话说就是,地球上的人永远看不到月球的另一面。这一特点在月球上是怎么表现的呢？在月球上也永远看不到地球的另一面吗？显然不是。地球24小时自转一圈,在月球上看地球,24小时内就可以看到地球上任何地方。无论你降落在月球上的何处,只要是在面向地球的这一侧,你看到的就是地球永远在同一个位置。你仍然可以看到地球的阴晴圆缺,看到地球的自转,只是它既不会升起,也不会落下。那幅由阿波罗8号的宇航员拍摄的著名照片《地出》(*Earthrise*),是在围绕月球旋转的飞船上拍摄的。因此,他们看到了地球从月面上升起的美丽景象。但是,如果你落在了月面上,是不会看到地球升起和落下的天象的。

　　你落在月面上的地理位置(经度和纬度)不同,地球在天空中的方位也会不同。如果你的着陆点在月面北纬地区,地球就在你所在位置天顶向南的方向;如果你的着陆点在月面南纬地区,地球就在你所在位置天顶向北的方向;如果你的着陆点在月面北纬偏东地区,地球就在你的西南方

地出

向；如果你的着陆点在月面北纬偏西地区，地球就在你的东南方向；如果你的着陆点在月球南极，地球就在月平线附近，永远也不会升起。

由于月球的质量比地球小很多，其重力加速度只有地球上的 $\frac{1}{6}$，此外，月面上没有大气，真空度很高，因此在月球上起飞和降落完全依靠火箭发动机来执行，所耗费的燃料远远少于从地球上起飞和降落。由于飞船脱离地球引力时的速度很大，接近第二宇宙速度，因此从地球飞往月球时，即使中途不加速，全程也只需要几天的时间，可以在一周内实现往返。

月球表面有高山和峡谷，山的高度远超珠穆朗玛峰。对人类活动而言，最为有利的地形是月海。说是"海"，其实那里并没有水，而是平坦的、由厚厚的月壤覆盖的平原。月海中月壤资源丰富，是人类长期停留和建造月球基地与月球旅店的最佳地点。当然，在人类生活的区域，需要建造高压舱，舱内气压为1个地球大气压。

水 星

离开月球,从与太阳的距离由近及远来探索太阳系,我们首先来了解一下水星——距离太阳最近的行星。

水星是太阳系中最小的行星,直径为 4880 千米,比月球(直径为 3476 千米)稍大,与太阳的距离只有地球到太阳距离(1 个天文单位,即 1AU≈1.5 亿千米)的 30%～46%。水星上没有大气,白天表面温度高达 430 摄氏度,夜晚会降低到零下 170 摄氏度以下。其自转周期为 58.65 天,是公转周期 88 天的 $\frac{2}{3}$,即水星上的 3 天就是两年。由于它距离太阳太近,在地球上,通过肉眼只有在日出前和日落后约 50 分钟的时间内才能观测到它。

对水星的空间探测起步于太空争霸期间,美国发射的

水星

水手10号探测器，在1975年飞越水星，发回了高分辨率的黑白照片。照片显示水星就像月球一样，没有大气，表面布满了撞击坑。此外，探测器上搭载的磁强计表明，水星如同地球一样，是一颗具有偶极磁场的行星。因此，它通过捕获经过它周围的太阳风粒子，形成了一个类似地球空间的磁层。

第二次对水星的探测是由美国2004年发射的信使号实施的。它在2008年至2009年期间三次飞越水星，并在2011年被水星引力场捕获，进入围绕水星的大椭圆轨道，对水星进行了完整的测绘。

人们逐渐意识到，由于水星的位置如此靠近太阳，如果探测器环绕水星飞行，那么就可以持续地停留在距离太阳很近的地方，并在水星背面获得周期性的降温的机会，这是抵近太阳探测的有利平台。1995年，欧洲空间局（European Space Agency, ESA, 也称欧洲航天局、欧空局）在"地平线2000"计划中，规划了一个"贝皮·科伦布（Bepi-Colombo）计划"，其探测器于2018年发射。该计划包含两个探测器，一个是专门研究水星的水星轨道器，另一个是专门研究太阳和水星空间环境的磁层探测器,分别由日本航天局和欧洲空间局研制,两个探测器均由欧洲空间局发射。目前探测器已经对水星进行了第一次飞越,预计2025年底被水星引力场捕获,进入围绕水星的椭圆轨道。

人类在水星周围的活动,会受到近距离太阳高温的影响,因此预计水星周围只有非载人的机器人探测活动,不太可能出现着陆水星表面的载人活动。

金 星

距离太阳第二近的行星是金星。

金星的大小与地球相当，半径为6053千米，与太阳的距离是0.72个天文单位。因此，当金星与地球都在太阳同一侧，相距最近时，它与地球的距离只有0.28个天文单位，约4200万千米，是太阳系八大行星中距离地球最近的一颗行星。金星围绕太阳的公转周期是245天。它的自转非常慢，几乎是一年才转一圈，且自转方向与太阳系内其他行星都不同，是自东向西转。有一个假说认为，这是因为金星曾遭到过一次较大的撞击，使其本来自西向东的自转方向改变。

金星表面被浓密的、高速流动的、主要成分为二氧化碳

金星

的大气覆盖,用光学望远镜无法看到其表面。1975年10月,苏联发射金星10号探测器,穿越大气层,在金星表面着陆。该探测器传回的数据和照片表明,金星表面没有生命,气压是地球表面大气压的90倍,温度高达470摄氏度。在如此高的大气压下,即使金星上水的沸点可达300摄氏度,金星表面也不可能存在液态水。金星的地貌呈岩石覆盖状。1990年,美国发射麦哲伦号金星轨道探测器,用合成孔径雷达对金星表面进行了分辨率达100~200米的全球成像。探测结果表明,金星表面较为平坦,60%为平原,最高的山峰高达11000米。

从20世纪70年代开始到90年代,只有苏联和美国对金星有过探测计划。这些探测计划揭示了金星上最主要的自然地理和空间物理特征。2005年,欧洲空间局发射金星快车探测器,重点探测了金星大气和磁场。2010年,日本宇宙开发机构发射拂晓号金星探测器,通过两次尝试,于2015年12月进入金星轨道开始探测,成为第四个参与金星探测的航天机构。

　　由于金星大气中存在一个室温层，也就是这个高度区间中的温度在20摄氏度左右，此外金星大气中还含有极少量的水，因此，在室温层中是否存在生命迹象成为近年来科学界关注的焦点。此外，浓密的金星大气为浮空器探测平台提供了条件，可以承载较重的探测仪器。近年来，美国、俄罗斯、欧洲以及中国的科学家，都在规划新的金星探测计划。预计在未来10年，金星探测会出现一个新的高潮。

火　星

以地球轨道为界,靠近太阳一侧称为内行星际,远离太阳一侧称为外行星际。进入外行星际的第一颗行星就是火星。

火星与金星一样,也是距离地球最近的行星之一。它到太阳的距离为1.52个天文单位,自转周期为24.6小时。其自转轴与黄道面有25.2度的倾角,因此与地球类似也有一年四季,但是一年长达687天,接近地球年的两倍。火星与地球最为不同的地方是它的体积只有地球的$\frac{1}{6}$,且半径为3397千米,仅比地球半径的一半长一点儿。这个物理特征决定了火星无法通过自身引力保持住其表面的大气,火星表面的平均大气压只有地球大气压的0.7%,即使是低洼地区也只有1%左右。因此,火星上也不可能存在液态水。这

火星

使得这颗在其他方面都与地球很类似的行星，无法像地球一样承载生命。

人类最早开始研究的行星是火星，从地面上通过光学望远镜可观测到火星表面。早在19世纪中叶，人们就发现在火星的表面存在一些南北方向延伸的沟渠，还有大气的变化。当时的人们怀疑那是火星人伴随季节变化在上面开展农业活动，然而，这种猜想随着太空时代的来临、探测器的发射而逐渐被打破。特别是1975年美国发射的两个海盗号探测器成功着陆火星表面，传回的照片显示火星表面荒芜且没有任何生命迹象。之后的探测结果也不断地显示，火星是一个几乎停止了地质活动的星球，也没有像地球那样拥有一个保护其上生命免受高能宇宙线辐射的磁场。

但是，相比金星，火星仍然是一颗相对更可能存在生命的行星，特别是通过对大量遥感图像的分析可以判断——火星表面曾经被海洋覆盖。如果有液态水，就有存在过生命的可能。因此，对火星的探测热度从20世纪到现在一直持续不断。美国、欧洲、印度、中国和阿联酋的探测器都成功进入了火星轨道。其中，美国和中国是截至目前仅有的两个使自己的探测器成功着陆火星并开展巡视探测的国家。

虽然火星表面只有稀薄的大气，且大气成分与金星一样以二氧化碳为主，但仍然不能否认它或许就是未来人类移居到其他星球时的最佳选择。火星上拥有的高山和峡谷（其尺度远远超过地球上的高山和峡谷），以及北半球上广袤的平原和两极覆盖着的干冰，都是人类非常渴望探索的、地球上没有的极端地形和地貌。如果能够通过宇航服解决气压和温度的防护问题，并戴上轻便的氧气面罩，在火星表面自由移动要比在月球表面移动更轻便和容易一些。但是人类若想在火星上生活，还需要建造高压舱，舱内充满与地球表面一样的大气。

火星与金星不同，它拥有两颗天然卫星——火卫一福布斯和火卫二丹尼斯，其直径分别为二十几千米和十几千米。对其成分进行初步研究，结果表明它们并不是来自火星本身，而是火星从太阳系中捕获的。但是其相当标准的圆形轨道又在提醒着人们这好像也不太可能。

小行星带

离开火星,再向外飞行,就是介于火星轨道和木星轨道之间的小行星带。那里散布着数量超过百万颗、尺度从数米到数十千米不等的小行星。它们之间发生碰撞的机会较多,一旦发生碰撞,就会使相互碰撞的小行星的轨道发生变化,离开原有轨道并进入其他行星的轨道。这也是掉入八大行星及其卫星表面的各种陨石的主要来源。

由于距离太阳较远,小行星带中的小天体上有可能存在固态水——冰。美国航空航天局(NASA)在2007年发射的黎明号探测器,于2015年对小行星带中最大的一个天体——直径达950千米的谷神星进行探测,就发现该天体上很可能存在冰。因此,从资源和能源的角度来讲,小行星带也可能成为未来人类走向外太阳系的一个"加油站"。

小行星带

木 星

　　木星与太阳的距离是5.2个天文单位,是一颗体积巨大的、尺度比地球大11.3倍的气态行星。它的表面没有岩石,而是有着高速旋转的大气,且如同地球一样有着偶极磁场,因此也有一个很大的磁层。

　　从未来人类活动的角度来讲,到木星的主要目的是探索它拥有岩石表面的卫星而不是它本身。但是要访问它的卫星,特别是木卫一、木卫二,就必须进入木星的磁层。因此,研究木星的空间环境特性对未来人类的活动尤为重要。另外,未来人类有可能从木星的大气中提取氢,用作行星际航天器的燃料补充。

　　木星还有一个重要作用,就是它可以作为脱离黄道面、

木星

进入太阳极轨的跳板。当探测器向木星的南极或北极高速飞去并擦身而过时，它所获得的加速度足以让其飞离黄道面，进入太阳极轨轨道。截至目前，只有欧洲空间局的"尤利西斯计划"采用这种方式让探测器进入了太阳极轨。

随着观测能力的不断提高，人类发现了越来越多的木星的卫星，截至目前，数量已经超过80颗。其中，最大的4颗是由伽利略发现的，被称为伽利略卫星。按照它们与木星的距离，这4颗卫星由近及远分别是木卫一（Io，伊奥）、木卫二（Europa，欧罗巴）、木卫三（Ganymede，盖尼米得）和木卫四（Callisto，卡里斯托）。

木卫一在4颗伽利略卫星中大小排第三，是一颗非常活跃的活火山卫星，不断地向太空中喷发物质。

木卫二的半径为1569千米，其尺度比月球略小，在4颗伽利略卫星中体积最小。其表面光滑，是冰冻的海洋。但是在其冰冻的海洋下面一定有液态的水，因为从目前的观测可以看到，冰冻的海洋表面会有气体（羽流）喷发出来，这

木卫一

木卫二

表明木卫二内部具有活跃的内核,可以提供能量,维持液态水的存在。如果有液态水,水中就有存在生命体的可能。

木卫三在4颗伽利略卫星中是体积最大的,半径达2631千米,已经超过了水星。

木卫四在4颗伽利略卫星中大小排第二。

木卫三、木卫四离木星较远,受到木星辐射带粒子的影响较小,空间环境比较安全,可以作为探测目标。由于没有大气,它们的引力与月球相似,在其上着陆时可以采用比较成熟的月球着陆器的技术。

木卫三

木卫四

土 星

　　离开木星再向太阳系外飞行,就来到了另一颗主要由氢、氦气体构成的巨行星——土星。土星带有由远小于小天体的行星际尘埃构成的美丽光环,是太阳系中最漂亮的行星,距离太阳约10个天文单位。光或者无线电波从地球传播到土星,需用时70～90分钟。土星比木星略小,但是如果加上它的光环,看上去要比其本身大很多。土星与木星类似,也拥有数量众多的天然卫星。目前发现的卫星数量已经超过了80颗,其中体积较大的只有土卫六(Titan,泰坦)。土卫六的半径为2575千米,比月球还大,是太阳系中第二大的行星卫星。土卫六最主要的特点是它被浓密的大气层包围着,其中98%～99%的成分是氮,其余的成分有甲烷以及少量的其他碳氢化合物。由于土星距太阳很遥远,土卫六表面温度很低,大约在零下150摄氏度到零下180摄

土星

土卫六

氏度之间。土卫六表面还有液态的甲烷海洋。

人类对土星最为详尽的探测是由美国 NASA 研制的卡西尼号探测器完成的。它于 1997 年 10 月 15 日发射,在飞行了近 7 年之后,于 2004 年 7 月 1 日进入土星轨道,之后对土星及其光环、周边空间环境和卫星进行了超过 13 年的探测,获得了大量的探测数据。

欧洲空间局的惠更斯号探测器,搭载美国卡西尼号土星探测器飞往土星,于 2005 年 1 月 14 日穿过土卫六的大气层,成功在其表面着陆,并工作了大约 90 分钟,传回了土卫六表面的照片。这次着陆,是人类探测器迄今在距离地球最远的天体上的着陆。

天王星与海王星

距离太阳约19.2个天文单位的天王星,是与木星、土星不同的巨冰星,它的大气成分以氢(富含同位素氘)、氦和甲烷为主。据推测,其内部可能含有丰富的重元素,地幔由甲烷、氨和水组成,内核由冰和岩石组成。天王星是太阳系内大气层最冷的行星,最低温度为零下224摄氏度(49K)。天王星的自旋轴几乎就在黄道面内,是"躺"着快速地旋转着的。天王星也有自身的行星环,由行星际尘埃构成。

海王星距离太阳约30个天文单位,是八大行星中距离太阳最远的一颗。其物理成分和天王星类似,云顶温度是零下218摄氏度(55K),比天王星云顶温度稍高。

人类目前还没有专门针对天王星和海王星的探测计

天王星

海王星

划。除了20世纪70年代美国NASA发射的旅行者1号、2号对天王星和海王星开展飞越探测之外，人类主要是通过地面和空间的光学望远镜对它们进行观测。

小天体

在太阳系内,除了八大行星及其卫星以外,还有数百万个小天体,或叫小行星。它们主要分布在火星和木星轨道之间的小行星带上,以及各大行星引力与太阳引力相平衡的、被称为特洛伊带的区域内。除这些区域之外,它们还存在于其他轨道上。由于这些小行星的数量巨大,轨道分布很广,因此它们会受到行星引力场的扰动,导致轨道发生变化,出现相互碰撞或与行星发生碰撞的情况。这些小天体是太阳系中的不稳定因素。

这些小天体又可以分为两类:一类是太阳系形成初期的星际尘埃。这些尘埃携带了原始恒星际甚至是第一代恒星遗留的物质。另一类是太阳系形成后在早期大碰撞阶段,经过碰撞从已经形成的较大天体中分裂出来的碎片。

嫦娥2号在不同距离对图塔提斯小行星拍摄的照片

这些小天体由于曾经在行星内部经历过高压甚至高温,有可能携带铁,甚至更高原子序数的重金属,如铂、金等稀有金属,因此是人类进入太阳系的过程中需要特别关注的资源。当然,还有很多含水的碳质小天体。总体而言,可以把小天体分为碳类(C)和其他类(S,X)。

小天体数量众多,但是它们的体积都很小(其中最大的是谷神星,其直径为950千米),加起来的总质量并不大。经过初步估计,即使把小行星带中所有的小行星加起来,其质量也不会超过月球质量的4%。不过,如果离开小行星带,在太阳系的边缘,就会有较大的、未能进入行星系列的天体。比如曾经被认为是行星的冥王星,其直径达2376千米,不过其质量也只有月球质量的17.7%。类似地,稍小于冥王星的小天体在远离太阳的柯伊伯带还在不断地被发现。

来自太阳系边缘(特别是柯伊伯带)、主要由冰雪等挥发物质组成、在大椭圆轨道上运行的彗星,也是太阳系内不容忽视的小天体。其中,最为著名的就是每76年回归一次的哈雷彗星。它上次回归是在1986年,下一次将在2062年。

冥王星

太阳和八大行星及冥王星（按实际大小比例）

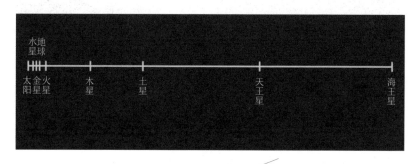

太阳和八大行星（按实际距离比例）

太阳风

太阳作为一颗正处于中年的主序恒星,其内部时刻都在发生着剧烈的核聚变,大量的能量通过其自身发出的从射电到X射线的全谱段电磁波和喷发物质,向行星际中扩散。特别是被称为太阳风的、以质子和电子为主要成分并携带磁场的物质,每时每刻从太阳表面喷发,向行星际传播。

通常情况下,太阳风在黄道面内传播的速度是400千米每秒左右,从太阳到地球大约需要4~5天的时间,而且是相对稳定和均匀的。然而,一旦太阳剧烈爆发,喷射出的物质将会大量增加,且会随着太阳的自转而旋转,并集中向某个方向高速抛出,其速度甚至可以达到1000千米每秒,在1天半的时间内就可到达地球。这样的事件被称为日冕物质抛射事件(Coronal Mass Ejection,CME)。当日冕物质抛射事件影响地球时,会引起地球空间环境中的高能量粒子通量、磁场强度、电离层和大气密度的剧烈变化,即引发空间天气事件,对在地球轨道上运行的卫星带来危害。

2000年,由欧洲空间局和美国NASA联合发射到日地系统拉格朗日1点(L_1)的SOHO太阳观测台,第一次发现了日冕物质抛射事件。之后的研究发现,这样的事件是地球磁场、中高层大气和电离层发生剧烈变化的主要诱因。回顾历史,自人类开始连续观测太阳黑子以来,在1859年曾经出现过一次太阳黑子数量大量增加的事件。当时在地球上,大量拥有长距离导线的有线电报机由于地磁场剧烈变化产生了感应电流,竟然引起了终端电报机记录纸的燃烧。位于低纬度的印度,英国人建立的地磁台站的记录仪出现饱和。同样位于低纬度的墨西哥城,在晚上居然可以借助北极光的亮度阅读报纸。由于英国天文学家卡林顿用手绘图的方式记录了太阳上大面积黑子的形状,该事件被命名为卡林顿事件。如果这样的空间天气事件在现代社会发生,将会由于高能粒子通量的增加,使大量卫星上的计算

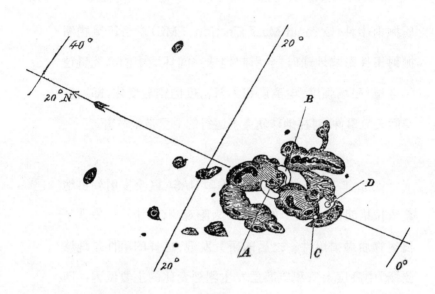

英国天文学家卡林顿在1859年绘制的太阳黑子图

机、存储器和基于半导体的电子元器件损坏，以致卫星功能暂时失效甚至彻底损坏。电离层如受到严重干扰，所有通过电离层的导航定位信号将受到影响，使时延增加或减少，从而引起定位不准，以致车辆、船只出现偏航，引发重大事故。

1989年3月，发生了一次类似的事件。尽管其程度不及卡林顿事件，但仍然使当时许多在轨卫星出现了故障。比如美国的同步轨道商业通信卫星银河号出现数据存储器和通信故障，使得许多地面用户、银行电信信息中断、出错，造成了较严重的经济损失。

由于人类进入太空只有60多年的时间，并且近30年才对太空的利用产生依赖，比如依靠卫星导航定位和卫星通信，而太阳的活动每11年出现一次高峰，也就是每11年才会出现一次大爆发的可能，因此，我们完全不知道在未来的几十年、上百年的时间里，人类的空间活动还会如何被太阳的剧烈活动所影响。

关于这个问题，有两个方面的研究工作应该引起我们注意。

第一，剧烈的太阳活动，如卡林顿事件那样的爆发，到底多长时间来一次？人类对太阳的连续观测从1755年开始，到目前只记录了24个太阳峰年，因此我们无法对这个问题给出准确的答案。但是，也许我们可以用别的方法来弥补对太阳连续观测的不足。

2014年，美国得克萨斯大学华裔科学家周大庄利用宇宙射线会在千年古树年轮上留下印记这一研究结果发现，在775年，地球表面曾经受到过一次很强的粒子辐射，并在古树年轮上留下了印记。为此，研究学者对775年前后的观测记录进行了考察。中国的《旧唐书》中有相关记录：在775年1月（唐大历九年腊月），曾观察到类似极光的天象。当时的唐朝都城长安（今西安市）纬度处于北纬不到35度（现今的地磁为北纬24度左右），属于很低的纬度。如果在长安可以看到极光，就说明当时粒子辐射的通量非常大，其强度已经远远超过卡林顿事件的强度。这堪称一次极端的空间天气事件。

第二,是否在每一个太阳峰年都有极端的空间天气事件,只不过没有到达地球而已?2015年,中国科学家利用美国行星际太阳观测双星STEREO的数据分析发现,在第24个太阳峰年(2011－2012)期间,发生过一次剧烈的太阳爆发事件,其强度也和卡林顿事件相当,只是其抛射的方向没有朝向地球。那么,是不是每个太阳峰年都会出现极端的空间天气事件呢?对在太阳系空间活动日益频繁的人类来讲,是否每11年就会面临一次巨大的威胁,且需要对其进行准确的预报并加以避免呢?

可见,太阳和进入行星际空间的太阳风对人类的影响,并不是稳定的或固定不变的。它有11年的活动周期,并可能对人类的活动造成重大的危害。那么,除此之外,我们能否利用行星际中的太阳风呢?

我们可以利用的其实是太阳光的光压。比如在轨道上展开的卫星太阳能帆板,在太阳光的照射下,其姿态会受到一定的影响，我们可以展开一个更大面积的太阳帆，接受太阳光的压力，实现持续加速。但是随着飞行器和太阳的距离变得越来越远，太阳光的光压越来越小，这个加速作用会逐渐消失。因此，太阳帆推进只是内行星际探测的辅助动力可选项之一。

第二章　太阳系的边界

关于太阳系的边界到底在哪里有很多争论。有说是120个天文单位的，也有说是300个天文单位的，还有说是2光年(1光年≈6.3万个天文单位)的。众说纷纭，差异如此之大，原因在于对太阳系的范围进行界定时标准不统一，分别是以太阳风所能够到达的范围、以围绕太阳系的小天体的范围、以引力来定义的。本章我们主要讨论太阳风所能够到达的范围。这也是我们人类活动，比如使用探测器，在目前和未来一段时间能够到达的范围。

旅行者号的困惑

旅行者1号和旅行者2号,是美国NASA在太空争霸时期为了抢占制高点,于1977年发射的两个行星际探测器。在1977年7—8月有一个非常有利的发射窗口,可以利用大行星(特别是引力最大的木星和土星)的引力为探测器加速。也就是说,如果在这个窗口内向外太阳系发射探测器,可以很好地借用木星和土星的引力使探测器加速,逐渐达到并超过第三宇宙速度(16.7千米每秒),飞出太阳系。在做了大量准备工作之后,NASA终于将旅行者1号和旅行者2号在合适的窗口内发射了出去。为什么不是发射一个而是发射两个探测器呢?这和当时的航天技术水平有关。因为早期发射航天器的失败率很高,特别是运载火箭经常在发射阶段失败,所以无论是苏联还是美国,当时都普遍采用双备份的方式。即一个任务研制两个正样,如果一个失败了,另一个可以顶上去;如果第一个成功了,第二个就称为"××2号"继续发射出去,让它承担一些不同的任务。旅行者1号和旅行者2号最终飞向了两个不同的方向,一个向着黄道面的北面飞出太阳系,另一个则向着黄道面的南面飞出太阳系。

　　在旅行者1号和旅行者2号上,除了科学探测仪器之外,还都搭载了表明人类文明的物品,比如用金属制作的唱片,上面记载着用包括中文在内的全世界100多种语言录制的"你好",以及人类的图像和圆周率等基本科学原理。因为这两个航天器将飞出太阳系,离开人类目前所能够触及的范围。在1977年太空科幻大发展的年代,人类设想在太阳系外一定存在着高级智慧生命,也许他们可以发现、截获人类的飞船,并了解到我们的一些基本情况。搭载带有人类文明记号的物品,正是为了与他们进行沟通。

　　经过多次行星引力加速,旅行者1号和旅行者2号最终都达到了17千米每秒的速度,已到达距离太阳大约150个天文单位的区域。早在它们离开地球大约100个天文单位时,关于它们是否已飞出太阳系边界的问题就引起了非常热烈的讨论。

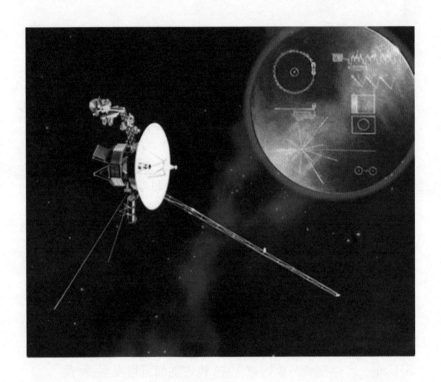

旅行者号及其上携带的金属唱片

太阳风的终止激波

　　本书中太阳系的范围被定义为太阳风所能够到达的区域。也即,如果太阳风粒子,包括电子和质子,到了某处就不再向外扩散,而是堆积在那里,则我们可以认为那里就是太阳系的边界。这个堆积区被称为终止激波或日球层顶。

　　由于太阳的活动周期为11年,每个峰年太阳风粒子的动量会达到高峰,经过1～2年的传播,这些高动量的粒子就会到达终止激波所在的区域,推动这个区域向外扩张,因此,终止激波与太阳的距离也会每11年就更远一些。然而这个判断还仅仅是理论上的,因为旅行者1号和旅行者2号对终止激波的穿越,得到的数据还不能对这个判断予以证实。

对于终止激波内部的行星际而言,终止激波是一个非常重要的屏障。它屏蔽了来自宇宙星际的大量粒子射线。旅行者1号之所以可以宣布已经穿越终止激波,离开了太阳系,就是因为其上搭载的高能粒子探测器的探测数值,在离开了终止激波以后逐渐增加,并稳定在了一个数值上。这个数值就是宇宙射线的平均辐射剂量。

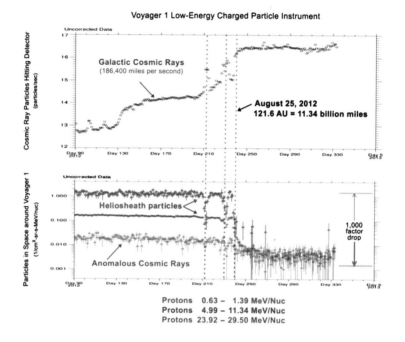

Voyager 1 Low-Energy Charged Particle Instrument

Protons   0.63 – 1.39 MeV/Nuc
Protons   4.99 – 11.34 MeV/Nuc
Protons 23.92 – 29.50 MeV/Nuc

旅行者号上低能粒子探测器探测到的银河宇宙射
线及其周围等离子体在飞越终止激波前后的变化

柯伊伯小行星带

荷兰科学家杰拉德·柯伊伯在1972年提出,在海王星之外还有一个空白区域,即在冥王星的椭圆轨道(近日点30个天文单位,远日点50个天文单位)范围内,应该有相应的物质分布。这个假说直到1992年发现15760号小行星才得以证实,其后又陆续发现了更多的小天体。于是,这个分布在30~50个天文单位区域中的小天体带被命名为柯伊伯小行星带。由于大部分短周期彗星,如哈雷彗星,都来自柯伊伯带,因此天文学家判断,柯伊伯带中的小天体大部分都是水冰成分的天体。

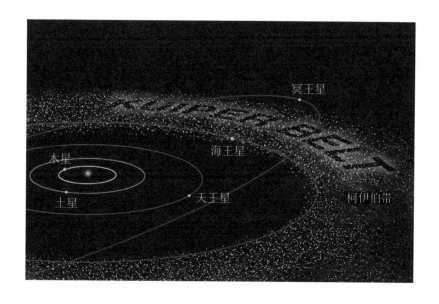

柯伊伯小行星带

奥尔特星云

除了短周期彗星,人类也观测到了很多长周期彗星,甚至由于其周期太长,我们只观测到过它们一次。若将这些彗星也作为太阳系的一部分,则太阳系的边界可以拓展到约2光年的区域之外。通过理论判断以及对长周期彗星的分析可知,那里应该分布着一个更为广阔的小天体聚集带。从理论上讲,一方面,太阳的引力和比邻星三星系统(距离太阳4.2~4.5光年)的引力存在一个拉格朗日平衡点,这个平衡点就在太阳和比邻星系统之间,在1~3光年范围的区域。另一方面,由于太阳引力能触及的范围内的星际尘埃,在太阳形成的过程中已被太阳捕获,来到太阳附近,并经过碰撞形成了目前的八大行星、小行星带以及柯伊伯小行星带。但是在太阳引力所能作用的边界,星际尘埃物质仍留在那里,那就是奥尔特星云。

奥尔特星云

星际来客

　　自2017年发现一个来自太阳系以外的天体"奥陌陌"（Oumuamua）之后，人类先后于2018年和2022年又发现和确认了第二个、第三个来自太阳系以外的天体。那么如何确认一个天体是否来自太阳系以外呢？主要从两个方面来判断：一个是其进入太阳系的方向，另一个是其轨道和速度。

　　奥陌陌就是根据这两个方面的特征被确认的。首先，它的轨道倾角几乎垂直于黄道面。如果是太阳系内的天体，它是不会运行在垂直于黄道面的轨道上的，因此它一定是来自太阳系以外的天体。其次，它的运行速度高达26千米每秒，这样的速度已经远远大于第三宇宙速度了。它会和我们的太阳擦肩而过，但不会被太阳的引力捕获。太阳

奥陌陌的艺术想象图

系内的天体,即使是来自柯伊伯小行星带,也不会有如此高的速度。

依据倾角和速度这两个特征,2018年底,第二个星际来客被发现。它就是星际彗星"鲍里索夫"(Borisov)。它与黄道面的倾角为44度,运行速度达到了32千米每秒。与奥陌陌拥有固体表面不同,鲍里索夫是一颗彗星,其表面会喷发出大量尘埃和气体物质。

第三个来自太阳系外的天体是一颗于2014年撞击到地球上的流星。它于2014年1月8日陨落于巴布亚新几内亚马努斯岛附近的太平洋里,因此被称作"马努斯岛流星"。在之后的几年中,科学家通过计算其轨道和速度,于2022年才确认原来它也是一个星际天体。在被确认为星际天体之后,它就成了第一颗被确认的、撞击到地球上的星际流星。在太平洋中寻找这颗陨石的计划也在实施之中。

显然,星际来客并不是最近才开始光顾太阳系的,它们一直以来都在不停地来访和离开。只是人类的认知和观测能力在此之前还未达到能够发现星际来客的水平，而近年来人类发现和识别它们的能力显著提高了。相信在未来，将会有越来越多的进入太阳系的星际天体被我们发现。

第三章　目的地

关于太阳系深空探测，很多人都在谈论对月球和火星进行探测这条主线。比如人类曾经实施过近两百次太阳系深空探测，其中对月球的探测有110多次，对火星的探测有47次，约占全部太阳系探测计划的80%。那么，在未来，这条主线仍然会是探测的热点吗？为什么太阳系中的其他天体，比如金星、木星及其4颗最大的伽利略卫星、土星及其众多的卫星，没有成为人类关注的重点呢？

本章我们将先从月球和火星说起，再扩展到其他还没有被充分重视的目的地。

月 球

在本书第一章中,我们已经介绍过,月球距离地球只有38万千米,是距离地球最近的天体。利用接近第二宇宙速度的火箭,飞行2～3天之后就可以到达。因此月球是人类最容易到达和探测的天体,也是人类前往其他天体进行探测之前,最先开展深空探测试验的跳板。相信在未来,任何国家都会将月球作为其深空计划最初的也是最主要的探测目标。特别是商业航天的发展,会将月球作为重要的燃料资源和旅游资源的开发地。预计在未来,月球将成为新的、重要的商业航天基地。

在人类进入太空之初,月球就是人类最主要的探测目的地。第一个人类探测器是1959年1月苏联发射的月球1号,它从距离月球大约6000千米的地方飞跃而过。同年9

月苏联又发射了月球2号探测器,它按照任务要求,直接撞到了月球上面。1个月后发射的月球3号探测器成为世界上第一个环绕月球的探测器,拍摄并传回了月球背面的照片,使人类第一次看到了神秘的月球背面的影像。

第二个高潮是美国的阿波罗计划,从1961年到1972年的11年间,美国实现了载人登月,并让12位宇航员踏上了月球表面。特别是1969年7月20日人类的第一次登月,成为迄今为止人类航天事业最伟大的成就。

然而从此以后,50多年过去了,人类再也没有登上月球,只有无人探测仍然在进行着。中国于2004年启动嫦娥探月计划,从嫦娥1号、2号的绕月遥感探测,到嫦娥3号、4号的着陆探测,再到嫦娥5号的采样返回,已经建立起了一套完整的无人探测月球的工程体系,并积累了丰富的工程经验。在对月球的科学研究方面,也做出了很多贡献。月球作为地球最邻近的天体和太阳系演化"博物馆"的面纱被进一步揭开。

阿波罗16号的宇航员在月面工作

　　作为人类进入深空的第一个目的地,月球主要在以下三个方面扮演着重要的角色:一是作为研究太阳系演化的博物馆。月球表面没有大气,因此不存在地球表面那样的风化作用(太阳辐射除外)。由于月球在大约30亿年前就停止了内部活动,其表面的岩石、月壤少则已经存在了数千万年,多则已经存在了30多亿年,保留了太阳系从其形成后的10亿年到现在的演化全过程中的痕迹。由此可见,月球是研究太阳系演化的非常好的博物馆。二是月球表面资源丰富,可以为人类所利用。最为重要的是月壤中富含氧元素。这些氧如果被就地提炼出来,可以作为取之不尽的火箭推进剂,支持人类进入太阳系更远的深空。三是独特的太空旅游资源。从阿波罗号飞船的宇航员所表达的切身体验可以判断,在月球上回望地球,在几十亿年未有任何变化的、苍凉的月面上回望美丽的蓝色星球,其强烈的对比,以及地球在黑暗的宇宙中呈现出来的美丽,对任何人都是一种深刻的启示。

火　星

　　在太阳系所有天体中,火星是迄今为止人类光顾次数第二多的探测目标。与月球探测一样,在美苏太空争霸时期,苏联于1962年向火星发射了火星1号,但它飞离地球轨道后却没有到达火星,而是在它到达火星之前3个月就和地球失去了联系。人类第一次成功的火星探测计划是美国的水手4号,它于1965年7月从距离火星表面约1万米的上空飞过火星,并向地球传回了照片。在这之后,虽然苏联仍然没有放弃探测火星的希望,但是就像一个魔咒一样,火星成了他们的探测器的墓地。苏联最为成功的一次火星探测当数1989年发射的火卫一探测器,它在围绕火星的大椭圆轨道上工作了大约3个月的时间。而美国的火星探测计划屡屡成功,先后着陆以及巡视探测了6次,包括目前仍在火星表面工作的毅力号火星探测器。

　　中国的火星探测是在嫦娥计划的技术基础和工程经验上发展起来的。中国的天问 1 号于 2020 年 7 月发射,并于 2021 年 2 月成功进入火星轨道,其上搭载的着陆器和巡视器祝融号于当年 5 月成功着陆火星北半球的乌托邦平原。这使得中国成为首个第一次探测火星就取得了成功,并在一次计划中同时实现了环绕、着陆和巡视的国家。目前天问 1 号环绕器和祝融号火星车仍然在执行任务的过程之中。

　　如我们在第一章中介绍的,火星的自然物理状态最接近地球,包括其自转速度、四季变化,以及比月球更富吸引力的地质和地貌。特别是从近 20 年来人类对其探测的结果判断,其地表以下很可能有地下水层,因此就不能排除在火星上发现地外生命迹象的可能,哪怕是曾经存在过生命的证据。这对于研究地球生命的起源的唯一性非常重要。

　　作为继月球之后第二个被人类多次探测的天体,火星在以下几个方面最受人类关注:一是寻找地外生命。一旦在火星上发现地外生命,或者是生命存在过的证据,"地球上的生命在太阳系中是否唯一"这个重大科学问题就可以

祝融号与着陆器合影照

得到答案。关于"生命是如何起源的"这个问题,也会获得非常重要的研究依据。二是关于地球演化的历史和未来的研究,可以把火星作为对地球开展比较研究的样板。虽然火星比地球小很多,引力也只有地球的 $\frac{1}{3}$,但是火星上面仍然有大气存在。通过对目前探测结果的分析,火星地表上有明显的水冲刷过的痕迹,在其地表以下甚至探测到了像地球一样明显的地下水的雷达信号的回波。火星是如何失去曾经有过的海洋、湖泊和河流的呢? 这个问题的回答或许可以为人类研究地球提供参考。三是火星表面资源的利用。由于火星距离地球比月球远得多,飞往火星的飞船,特别是载人飞船,如果想飞回地球,其火箭发动机的燃料最好在火星表面生产,而不是从地球带过去。当然,如果从月壤中提取的燃料可以作为未来火星探测飞船的燃料,将会大大降低从地球上携带燃料的成本。但考虑到火星本身的引力,无论是降落和起飞,都需要耗费大量的燃料,也许将月球上生产的燃料送到火星轨道上并对火星返回器加注更经济实惠。尽管如此,在火星表面上生产燃料仍然是必要的。

最后,火星也许是人类未来可以移民和定居的星球。

伽利略卫星

　　17世纪初,当伽利略将他发明的望远镜对准木星的时候,他发现了4颗围绕木星旋转的卫星,它们就是木星最大的4颗卫星。根据这些卫星和木星的距离,从近到远分别是木卫一、木卫二、木卫三和木卫四。除了这4颗较大的卫星以外,目前已经发现和确认的木星的卫星数量已经超过80颗,也许在未来还会不断发现体积更小或距离木星更远的卫星。

　　木卫一距离木星最近,只有42万千米,它的直径为3637千米,比月球还大一点儿。虽然其体积和与主星的距离都和月球相似,但是考虑到木星的体积比地球大11倍之多,相比之下木卫一就像是在西瓜旁边放置的一个玻璃弹珠。最为特殊的是,它是一个内部活动非常剧烈的天体,不断发生的火山喷发使得它的表面形态不断变化,而不是像其他天体那样,保留着亿万年以来被大量陨石撞击后形成的环形山。望远镜里观察到的木卫一不是灰色的,而是一个色彩丰富的星球。在美国1989年发射的伽利略探测器于1995年多次飞越它之后,科学家得到了更为清晰的照片,判断出木卫一表面为硫黄及其他化合物,因此色彩丰富。反照率高达0.63。

木卫二距离木星67万千米,它的直径为3138千米,比月球略小一点儿。它的表面被一层光滑的水冰覆盖。根据对它的探测,可判断其冰层下面还有数十千米,甚至上百千米深的海洋。由于其表面光滑,因此它的亮度很亮,是太阳系中最亮的行星卫星之一,反照率高达0.53。近期的探测表明,木卫二内部活动十分活跃,在其冰封的表面发现了从内部喷发的羽流。不同于火山喷发的岩浆物质,这些羽流物质很可能是木卫二海洋中的水。因为木卫二距离木星很近,位于木星磁场的辐射带内,对它的探测必须克服在强辐射环境中电子元器件的寿命缩短的问题。

木卫三距离木星107万千米，它的直径为5262千米，是太阳系中体积最大的行星卫星，比水星还大。由于岩石密度较低，其引力所能吸附的大气层很薄。木卫三的大气层中包含氢气和氧气，或许可以成为未来非常珍贵的火箭燃料和助燃物的来源。伽利略探测器飞越木卫三时测得其具有内禀磁场，由于距离木星很近，木卫三的磁场和木星磁场相互作用，形成了较为复杂的磁层结构。内禀磁场的存在表明其内部有正在活动的流体铁质内核。根据比重可以判断其内部岩石中含有较多的水冰，也许占到整个星体的40%～50%。由于探测数据极为缺乏，上述判断的准确性很低。其反照率为0.43。

木卫四距离木星188万千米，它的直径为4800千米，也是一颗比月球大很多的卫星。分析其比重可知，木卫四是由岩石和水组成的天体。通过望远镜光谱分析，其表面可能主要覆盖冰、硅酸盐和二氧化碳。表面反照率仅为0.2，看上去很黑，但是那些有冰的表面区域有强反射，因此在木卫四表面会看到很多亮点。它的表面有大量的撞击坑，这显示它是一颗很久都没有表面活动的卫星。相比其他3颗伽利略卫星,木卫四存在地质活动和生命的可能性更小。但是它距离木星较远,受到木星强辐射带的影响较小,因此,可以考虑将其作为探测木星和其他几颗伽利略卫星的基地。从这里出发,到达其他任何伽利略卫星都比从地球出发或者从火星出发近得多。

小天体

　　小天体,或称小行星,在太阳系中普遍存在。特别是在火星轨道之外、木星轨道之内,运行着数百万颗直径大小在数十米到数百千米的小天体。探测小天体最重要的意义在于探寻它们是否携带了太阳系形成初期的信息。当然,如果能判断它是富含某种资源(比如水或者某种重金属)的小天体,那也是非常有意义的。比如位于小行星带中的谷神星,如果其上确实存在水冰的话,那里将是未来人类飞往太阳系深空的一个非常合适的加油站。一方面,从水冰中提取氢和氧都是比较成熟的工业工程;另一方面,谷神星引力远小于其他可能存在水的行星和卫星,在其上着陆和起飞相对更容易。

土卫二

　　在土星的卫星中,土卫二(Enceladus,恩克拉多斯)最近受到的关注非常多。它的直径只有500多千米,距离土星约18万千米。这个大小和距离,与土星本身11.6万千米的直径相比,就像是在一个篮球旁边放置了一粒芝麻。但是,土卫二的不同之处在于它是一个被水冰覆盖的星球。它的内部十分活跃,不断地有热泉水从表面喷出,使得它的大气成分中超过90%都是水汽。因此,它和木卫二一样,在其冰封的表面之下有可能存在地外生命。从探测的角度来讲,探测土卫二比探测木卫二更容易。第一,它很小,所以着陆和起飞都更加容易。第二,土星的磁场较小,甚至比地球的磁场还小一点儿。因此,距离土星表面18万千米的土卫二的粒子环境甚至好于地球同步轨道卫星的粒子环境。正是由于科学上的重要性和技术上的可行性,土卫二甚至成为

土卫二表面的水蒸气喷泉

比木卫二更为吸引人的探测目标。但是,我们也不能忘记从地球到土星的距离比到木星的距离远一倍,因此要花费更长的时间才能从地球到达土星。

土卫六

土卫六距离土星122万千米，它的直径约为5000千米，是土星的卫星中最大的一颗。土卫六也是一个有很大探测价值和研究价值的天体。在太阳系中，土卫六是唯一具有非常类似地球大气层的卫星，只不过其大气成分的98%为氮气。土卫六表面的大气压甚至比地球表面的大气压还要高1.5倍。其温度极低，表面平均温度低至零下179.15摄氏度（94K）。在土卫六的表面有大面积的液态甲烷。土卫六具有与地球非常类似的地理特性，但其地质成分又有着极为不同的特性，这使得它成为人类探测的重要目的地。欧洲空间局的惠更斯号探测器曾经于2005年1月成功着陆在土卫六表面，使之成为人类探测器迄今在太阳系内着陆的最远的天体。

惠更斯探测器从土卫六表面传回的照片

第四章　探测的方法

人类在太阳系中的活动,都是从无人探测开始的。因为相比较而言,无人探测成本低、风险小,且通过无人探测获取的那些关于天体表面的二维图像和三维拓扑结构,以及温度、大气和辐射等环境的数据都是开展载人探测的前提。本章从空间探测的基本原理着手,讨论通过各个波段的电磁波以及就位探测的方法,对各种类型的地外天体的探测。

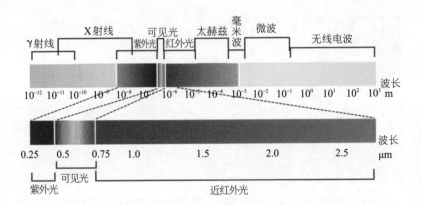

电磁波频谱图

遥 感

反照率

地外天体对太阳发出的宽谱电磁波的反射是人类对其进行探测最常用的物理度量参数。在可见光全色谱段,这个反射率被称为反照率(又称为Albedo)。

反照率最大值为1,表明天体可以将所有入射的可见光反射回来。相应地,如果天体完全不反射可见光,入射到它表面的可见光全部被其吸收,则反照率为0。在实际情况下,一个天体的反照率总是在0到1之间取值,比如水星表面的平均反照率为0.088,月球的平均反照率为0.136。而对地球而言,不同的表面反照率会大不相同。对海洋而言,其表面如同一个光滑的球面,真正能够对观测点形成后向反射的只有垂直入射的一个点,因此水体表面的反照率只有

0.06～0.08,陆地、沙漠的反照率能达到0.3,而反照率最高的部分是云顶和两极的冰雪,可以达到0.5以上。

较大的地外天体的反照率,可以通过地面上望远镜的全色光学相机观测获得。而对于较小的天体(如小行星等),其反照率则需要通过深空探测器上的全色光学相机,在抵近飞行时才能观测获得。通常,碳质小行星的反照率都很低,约0.05,即从望远镜中看上去比较黑;而金属类的小行星,其反照率相对较高,在0.2左右。因此,通过对小天体的反照率和其表面粗糙度的观测,就可以初步判断其基本类型。

反照率的测量需要通过全色光学相机。探测器抵近小天体时,高分辨率全色光学相机会对小天体的反照率进行全面的探测,特别是当小天体在自转的过程中,各个局部区域的反照率会出现变化,可以从各个入射和反射角度对其进行研究。

光谱特性

与反照率不同,光谱特性的探测是对可见光中某一个特定频段的光谱(包括可见光之外的邻近谱段,如紫外光或近红外光)进行探测。

由于不同的物质成分,如碳、硅、铁、镍以及辉石和橄榄石等常见的小天体岩石成分对不同的光谱响应不同,因此,通过分析小天体的光谱响应分布,就可以判断天体上物质的大致组成。

探测光谱特性需要使用光谱分辨率高且灵敏度高的光谱仪(或称高光谱相机)。由于窄带的光谱探测的灵敏度远低于宽带的全色光学相机,因此更需要对天体进行抵近探测。

红外热辐射

即使没有太阳光的照射,每一个天体也都会有自身的电磁辐射,比如在红外波段的辐射就和其物理温度密切相关。红外辐射非常微弱,需要对探测器上的红外探测器进行制冷,以确保其能够探测到天体的红外辐射。而制冷需要工质,如液氦等。当探测器所携带的工质耗尽之后,探测就只好停止。因此,带有制冷功能的探测仪器的工作寿命往往都是非常短的,不超过2年。如果对探测器的灵敏度要求不高,也可以通过辐射制冷和机械制冷来解决由于工质耗尽带来的寿命问题。

毫米波与太赫兹

从红外波长再向低频延伸,就到了太赫兹和毫米波波段。这个波段的特性是其波长和大气中的不同成分的分子共振,出现吸收谱线,便于识别其中不同的气体成分。比如地球大气在 $50\sim60$GHz、118GHz、183GHz、380GHz 以及 422GHz 段都有水汽和氧气的吸收峰。针对金星大气,可以选择相应的毫米波和太赫兹频段探测其中的微痕量气体。

毫米波与太赫兹被动探测(类似红外探测)需要高灵敏度、低噪声的接收机,甚至需要对接收机的前端进行制冷来降低噪声。与红外探测器相比,这类探测器对制冷的要求不高,但是尺寸和功耗更大一些。

微波以及更低频的无线电波

将电磁波谱向更长的波长方向推进，就来到微波和无线电波低频的波段。在这个波段，通过探测器自身向被探测天体发射电磁波，再接收其反射回来的信号的探测方式被称为主动微波探测或雷达探测；只通过接收目标的微波辐射则被称为被动微波探测。

在微波波段，波长从数厘米到数十厘米。在无线电波波段，波长可从数米到数十米，甚至数百米。这个波段的电磁波对探测目标表层的穿透能力很强，可以探测天体表层之下的信息，比如火星的地下水分布或其他小天体内部的信息。

天体对这个频段的电磁波的响应主要取决于天体物质的介电常数，比如具有一定导电特性的水的介电常数远远大于一般的岩石和土壤。因此，这个波段的探测，其主要目的是寻找水以及其他介电常数较大的物质。微波和无线电波的探测无法分辨天体物质的种类成分，但是主动微波探测和无线电探测不仅对表面物质分层的边界敏感，还可以穿透表面对次表层物质的分层厚度进行探测。

　　主动微波探测需要发射电磁波,因此需要较大的功率,以及较大的发射和接收天线。探测器是否适合安装这样的天线,且能够兼容数百瓦甚至千瓦量级的发射功率,都是探测任务设计中需要充分考虑的因素。被动微波探测虽然不需要发射电磁波,但是其天线同主动微波探测一样,需要较大的物理空间。

就 位

不管是在飞行中，还是在着陆之后，探测器对自身周边环境的探测都被称为就位探测。就位探测和遥感探测相互补充，以求得到更准确和切实的探测结果。

磁 场

行星际太阳风中存在磁场，这些磁场大部分是由电离粒子（如电子和质子）构成的太阳风产生的。由于太阳风的密度会在扩散、传播中出现波动和变化，因此，飞行中的探测器对其周边的行星际太阳风磁场进行的测量，就是具有科学价值的就位探测。

与在地球空间进行空间环境探测的卫星一样，飞往其他行星开展探测的探测器同样也需要对该行星周边的磁场环境进行探测。就是通过这样的就位探测，人类才得以认识到水星、木星、土星等也是具有类似地球磁场的行星。此外，对弱磁场的天体（比如月球、金星、火星）进行环境磁场探测也是具有科学意义的。这些探测结果可以帮助我们分析和理解磁场与入射的太阳风粒子的相互作用，从而对那些带电粒子的运动方向做出判断。

实施就位磁场探测的仪器称为磁强计。为了避免测量受到探测器本身产生的磁场的干扰，磁强计的探头通常要用一个伸杆伸到探测器之外。

粒　子

行星际太阳风中的粒子大部分是电子和质子，它们的平均密度为每立方米有几个到几十个。在太阳爆发和太阳风密度较高的地方，比如日冕物质抛射出来的一团物质，其粒子密度还要高几个数量级。因此探测太阳风中的粒子成分和密度，可以研究和跟踪日冕物质在行星际中的传播规律。

　　在天体周围,太阳风粒子会被行星磁场偏转。因此,在对行星周围的粒子进行就位探测时,必须一同观测行星磁场。只有这样才能了解粒子的来源和去向。

　　太阳风和行星周边的粒子环境,由能量非常低(<keV)的电子和离子(热等离子体),以及中等能量(keV～MeV)和高能量(>MeV)的等离子体组成。电子探测器和离子探测器通常设计成两台仪器,低能量和高能量的粒子探测器也通常分开设计。

物质成分和质谱分析

　　如果探测器可以着陆到天体表面,就可以更为精准地对物质成分和元素进行探测。

　　所有物质的原子的尺度都在亚纳米量级,因此需要在比紫外光谱更高的X射线谱段进行探测。通常,如果天体在内行星际,太阳辐射中的X射线就很强,可以作为激发源。但是如果离开太阳较远,就需要等待太阳的X射线爆发。而这样的爆发,即使是在太阳活动峰年,每年也不过只有几十次。因此,相对于在轨道上的遥感探测,X射线谱仪的使用频率就很低。但是如果是在着陆器上,就可以由仪器自身产生一束X射线,近距离照射到被测目标上,激发出目标对X射线的响应光谱,再用X射线谱仪观测。这种方式称为自主激发的X射线谱仪,主要用于着陆器上的就位探测。

当然,还可以直接就地采集物质样品,然后对其加热,使其部分挥发成气体,再从气体中探测物质组成。这种方法就是地面上常用的质谱分析法。将地面上大型的质谱仪轻型化、小型化,是空间探测的重要需求和技术发展方向。

星震与气象

另一类重要的就位探测是星震与气象。

对较大的岩石类天体(如月球、水星、金星、火星等),通过在其表面放置星震仪(类似地球上的地震仪),可以探测该天体本身的自然震动(对应地震);通过在不同地点放置星震仪,还可以探测和研究该天体内部的结构。

此外,通过精确地测量环绕该天体的探测器的轨道变化,也可以反演出该天体的重力场分布,研究其内部结构及其起源。

对有大气的天体(如火星、土卫六等),着陆器通常都配备气象测量设备,用以记录着陆点的温度、风速和风向。

技术篇

Technology

在近现代历史上,以下几个重大的历史事件和人类的未来密切相关。1903年,莱特兄弟第一次实现了人类的动力飞行;1957年,苏联发射了第一颗人造地球卫星;1961年,苏联宇航员加加林首次进入太空。这几大历史事件联系在一起,昭示着人类自离开大陆实现航海之后,又一次实现技术突破,克服并脱离地球的引力,进入航空航天的时代。

离开地球之后,所有的事情都在发生变化,时间、距离需要重新定义,飞行需要加速。人类能否脱离地球母星,充分利用太阳系深空的资源,就是我们在下面几章中要讨论的问题。

第五章　飞离地球

人类和地球上的其他生命,都是在地球重力场的束缚之下诞生的。几亿年来,不同形式的生命逐渐从海里来到陆地上,人类祖先在陆地上从爬行进化到直立行走。直立行走的人类逐渐设法进一步克服地球的重力,使用从气球到飞机的工具,飞向天空。如果说地球引力是对生命的束缚,那么生命的进化过程,就是逐渐克服这种束缚的过程。人类遵循生命本能,自然而然地不断寻求更大的活动空间和生存空间。直到在现代科学理论支持下,运载火箭的出现,让探索深空成为可能。

火箭之父

　　1957年10月4日,苏联发射了世界上第一颗人造卫星斯普特尼克(Sputnik),从此开启了人类的航天时代。为什么是苏联,而不是美国或其他科技也十分发达的老牌欧洲国家呢? 这和十月革命前在俄国出生的一位科学家康斯坦丁·齐奥尔科夫斯基(1857—1935)关系密切。齐奥尔科夫斯基被苏联人称为"航天之父",他第一个提出了火箭公式,认为利用多级液体火箭可以克服地球的引力场进入太空。由此,他推导出进入太空需要的第一宇宙速度为7.9千米每秒,即环绕地球飞行的速度。进而他推导出离开地球进入行星际的第二宇宙速度为11.2千米每秒,第二宇宙速度也被称为逃逸速度。最后,根据太阳的质量,他推导出如果我们想离开太阳系,进入恒星际空间,则需将飞行器加速到第三宇宙速度16.7千米每秒。

在运载火箭的具体研制工程上,谢尔盖·帕夫洛维奇·科罗廖夫(1907—1966)为苏联做出过重要贡献。他的人生道路并不平坦,曾在20世纪30年代的大清洗中被定罪流放。二战结束后,他受命接收德国V2火箭的研制基地,与大量未被带走的德国中、低级技术人员合作,复制了V2火箭发动机,并将其全部迁回苏联。V2在苏联的型号名称被改为P-1和P-2。科罗廖夫于1966年病逝。但直至冷战结束,他的名字才逐渐为世人所知,被称作苏联的"火箭之父"。

在美国被称为"火箭之父"的是另一位工程师——罗伯特·戈达德(1882—1945)。他是世界上最早利用液体火箭探索太空的人,他的很多火箭专利成为美国后期火箭工业发展的基础。但直到1945年去世,他也没有研制出可以达到第一宇宙速度的火箭。

另一个不得不提的人,是为人类离开地球做出过重大贡献的德国著名火箭工程师冯·布劳恩(1912—1977)。20世纪40年代,冯·布劳恩研制的液体火箭成功达到第一宇宙速度。冯·布劳恩在二战后向美军投降,V2火箭的技术逐渐传入美国、欧洲,并通过美国传入日本、以色列等国。没有随冯·布劳恩到美国而是留在欧洲的V2火箭工程师和法国工程师联合,不但复制了V2火箭,之后还逐渐研制出了各种型号的阿丽亚火箭以及Vega系列火箭。

在美国,另一位传奇人物就是空气动力学之父西奥多·冯·卡门(1881—1963)。虽然他没有直接参与任何火箭的研制工作,但是他在加州理工学院的几个学生,富兰克·马琳纳(1912—1981)、钱学森(1911—2009)、郭永怀(1909—1968)分别成为美国和中国航天领域的开创者。富兰克·马琳纳是20世纪30年代加州理工学院火箭小组的创始人,他研制了多款液体火箭发动机,但是与戈达德一样,他也没有研制出达到第一宇宙速度的火箭。他和钱学森都是著名的喷气动力实验室(JPL)的创始人。因美国政府奉行麦卡锡主义的极右政策,富兰克·马琳纳被怀疑与苏联共产党有关,遂出走欧洲寻求政治庇护。他于1960年在法国巴黎与导师冯·卡门创建了国际宇航科学院(IAA),并出任秘书长,力求推动人类探索太空力量的广泛合作。1963年,冯·卡门获得美国国家科学奖章。

第二次世界大战期间德国的V2火箭

1957年10月，苏联率先发射了人类历史上的第一颗人造卫星。在美国军方研制的火箭屡遭失败之后，冯·布劳恩临危受命，顺利将美国第一颗人造卫星送上太空，并在之后领导了土星5号——人类迄今为止最大的运载火箭——的研制，确保了阿波罗计划的成功。

在中国，钱学森是名副其实的"火箭之父"。他曾是麻省理工学院历史上最年轻的教授，并与其导师冯·卡门一起在二战结束后赴德国，考察冯·布劳恩提交的所有V2火箭实物和技术资料。1951年，因美国政府奉行麦卡锡主义的极右政策，钱学森受到调查，被扣上莫须有的罪名，并遭监禁和软禁。后经过中国政府和美国政府谈判，钱学森得以在1955年回到祖国。

钱学森回国后，一方面建立中国科学院力学研究所，培养空气动力学方面的人才，并建立理论研究基础；另一方面积极向中央建议，开展中国的运载火箭研制工作，并于1956年建立了中国第一个航天研究部门——国防部第五研究院（由钱学森任首任院长）。这一年也被认为是中国航天的起

美国实施阿波罗计划期间研制的土星5号运载火箭

始之年。

　　在中苏友好协议的大框架下，中国在1958年获得了苏联仿制V2火箭发动机的P-2导弹及其图纸，开始仿制工作，这在当时被称为"1059"工程。除了钱学森的理论指导工作之外，对中国火箭发动机研制在工程实现上贡献最大的应该是从美国回来的、以任新民（1915—2017）为首的一大批科技专家。他们的工作为我国后来各个型号的长征系列运载火箭的成功研制奠定了基础。

　　与上述航天国家一样，日本有糸川英夫（1912—1999），印度有维克拉姆·萨拉白（1919—1971），他们分别被称为日本、印度的"火箭之父"。日本的火箭技术是二战后在美国的帮助下逐渐发展起来的。而印度的火箭技术则是在苏联的帮助下发展起来的。因此，全世界的火箭发动机技术，都可以溯源到德国工程师冯·布劳恩。而全世界航天的理论基础都可以溯源到俄国的齐奥尔科夫斯基。人类今天能够离开地球进入太阳系，冯·布劳恩和齐奥尔科夫斯基的贡献至关重要。

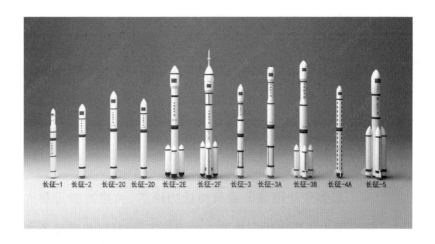

我国长征系列运载火箭模型

速度和加速度

人类离开地球需要有持续加速的、大推力的运载火箭。因为只有当运行速度达到第一宇宙速度（也就是齐奥尔科夫斯基最先推导出的7.9千米每秒）时，火箭才能脱离大气层，在地球轨道上做持续的圆周运动。这个速度是巨大的，转换为我们熟悉的时速，约为28000千米每小时。而自然界中能观察到的最快的飞鸟，在迁徙中的速度也仅仅为110～190千米每小时，相差150倍之多。与声音的传播速度340米每秒相比，第一宇宙速度约为声速的23倍，被称为23马赫。当然轨道越高，地球的引力越小，需要维持的轨道速度就会逐渐下降。在600千米轨道高度，维持轨道高度的运行速度约为7.6千米每秒。

火箭在点火起飞之前，并不是没有速度的，这是因为地球在自西向东自转。在较低纬度，特别是在赤道附近，地球表面自西向东的线速度大约为0.4千米每秒。因此，如果火箭发射后向东飞行，将会借助地球自转从大约0.4千米每秒的速度开始加速。这样，火箭发动机需要给火箭上面搭载的有效载荷（地球卫星或深空探测器）提供的速度增量Δv就是7.2千米每秒（7.6－0.4＝7.2）。只有达到了这个速度，才能进入600千米高的轨道。速度增量Δv，是我们之后会不断提到的重要概念。

只有使用液体燃料，并且采用分级火箭的方式，才能通过持续加速，获得如此高的速度，齐奥尔科夫斯基是第一个意识到这一点的人。他的火箭公式，是全世界迄今为止仍不断使用的基础公式。即便你不是火箭工程师，也应该对这个公式的内涵有所了解。齐奥尔科夫斯基的火箭公式就像牛顿的三大定律，或是爱因斯坦的质量和能量转换公式一样重要。

齐奥尔科夫斯基的火箭公式如下：

$$\Delta v = v_e \ln \frac{m_0}{m_1} \tag{1}$$

或 $$m_0 = m_1 e^{\frac{\Delta v}{v_e}} \tag{2}$$

其中，m_0是火箭加速前的纯质量总和，除了需要发射入轨的有效载荷和火箭发动机及结构的自重以外，最主要的是火箭燃料的质量；m_1是火箭加速后的纯质量总和，也即需要发射入轨的有效载荷以及最后一级发动机和结构的质量；v_e是火箭发动机的排气速度（火箭喷射速度，也称为比冲。目前性能最好的、用液氢液氧推进剂的发动机的喷气速度为4300～4400米每秒）；Δv是火箭加速后速度与加速前速度的差值，也即前面提到的速度增量。这个公式是基础性的，指出了在真空、理想条件下，火箭的干重m_1、湿重m_0，发动机工作效率v_e（比冲），以及速度增量Δv之间的关系。

由该公式可知，想获得更大的速度，比如从起飞时的0.4千米每秒（地球表面线速度），达到7.6千米每秒，需要的速度增量Δv=7.2千米每秒。在v_e一定的情况下，$\frac{m_0}{m_1}$的比值就需要成自然对数关系的增加，也即当m_1一定时，m_0（其中大部分为燃料的质量）就需要按指数规律增加，如（2）式所示。也就是说，如果一枚火箭想从第一宇宙速度再加速到第二宇宙速度，虽然速度只增加了42%，但是燃料的增加量根据（2）式来推算将是大约4倍。换一个说法就是，如果火箭不变，能够运载的载荷的质量将大为减少。比如，我国的长征5号火箭，如果将其速度从近地轨道的7.6千米每秒提升到月球轨道的入轨速度（10.8千米每秒），需要速度增量Δv＝3.2千米每秒，速度提升了42%，但是能够运输的有效载荷的质量将从25吨减少到8吨，减少了68%，超过$\frac{2}{3}$。

　　这是人类大规模进入太空，特别是进入太阳系深空最大的障碍。运送同样质量的探测器进入太阳系深空，比运送卫星进入地球轨道的火箭要重约4倍。迄今，人类研制出的最大运载火箭是美国阿波罗计划时期的土星5号，起飞总质量达3038吨。超过土星5号的更大的运载火箭——美国的太空运载系统SLS——目前还在研制之中。

离开地球之难

由上节我们知道,若想飞离一个天体,需要通过不断加速,使飞行速度:达到由该天体质量和半径决定的第一宇宙速度,才能进入其圆轨道;达到其第二宇宙速度,也称逃逸速度,才能进入太阳系行星际空间。天体自身越重、半径越小,需要达到的第一宇宙速度就越大。我们不幸地发现,与太阳系内其他岩石类天体相比,地球是最难离开的一个。表5.1是太阳系内较大的岩石类天体的质量、半径和相应的逃逸速度(第二宇宙速度)按大小顺序排列的表格。可以看出,其中地球对应的逃逸速度是最大的。

表5.1 太阳系内较大的岩石类天体的质量、
半径和逃逸速度

天体	质量（地球为1）	半径/千米	第二宇宙速度（逃逸速度）/千米每秒
地球	1	6378	11.186
金星	0.815	6053	10.041
火星	0.10744	3397	5.020
水星	0.055	2440	4.435
土卫六	0.0225	2575	4
月球	0.0123	1738	2.4
木卫二	0.008	1569	2.020

我们不应该抱怨地球的这个特点。因为正是这个特点，地球才具有足够的引力，能够维持一个较厚的大气层，使得生命在地球上出现并免受太阳风和各种辐射粒子的侵扰，经过数十亿年的演化，诞生出人类这个智慧物种。

离开地球之难，对人类的科技是一个挑战。但是对掌握了离开地球进入太空之技术的人类而言，在地球以外、太阳系以内的任何岩石类天体上着陆和起飞，都会变得相对容易，因为它们的逃逸速度都小于地球。这对我们未来不断往返于太阳系各天体之间来说是有利的。

行星际变轨

当人类的航天器飞离地球，进入行星际空间之际，首先需要考虑的就是如何才能高效地到达其他天体。好在太阳系内的天体大致都分布在黄道面（即地球围绕太阳公转的轨道平面）附近，这使得行星际飞行器轨道的变轨，基本上是一个二维空间的变轨问题。

在惯性空间，即不受附加外力影响的空间，航天器将按照牛顿运动定律沿既定轨道持续飞行。在太阳系内，这个轨道通常是一个以太阳为焦点的椭圆轨道，特殊情况下才是围绕太阳的圆轨道。当航天器需要飞向一个目标天体时，就需要实施变轨。变轨之后，航天器的能量（动能＋势能）将发生变化。在飞向远离太阳的天体时，因为太阳引力提供的势能将减少，就需要增加动能，也就是需要提升航天器的飞行速度,因此这时的Δv是正值;相反,在飞向靠近太阳的天体时,因为太阳引力提供的势能将增加,就需要减少动能,也就是需要降低航天器的飞行速度,因此这时的Δv是负值。表5.2是采用理想和最经济的方式,从地球表面飞往并降落在太阳系各主要天体表面,所需的变轨次数和速度增量Δv。

表5.2 从地球表面飞往太阳系各主要天体所需变轨次数、每次变轨所需的速度增量和总速度增量(单位:千米每秒)

目的地天体	变轨次数	地球起飞	地球逃逸	中途变轨	行星捕获	卫星捕获	天体着陆	总速度增量
月球	4	7.4	3.26			0.68	1.73	13.07
金星	5	7.4	3.21	0.64	2.94		27	41.19
火星	5	7.4	3.21	1.06	1.44		3.8	16.91
木卫二	6	7.4	3.21	3.36	8.89	0.58	1.48	24.92
土卫六	6	7.4	3.21	4.5	3.06	0.66	7.6	26.43

表5.2中的变轨次数均包括了离开地球时的两次,即从地球起飞到进入近地轨道,以及从近地轨道加速进入行星际。着陆月球需要4次变轨,除了离开地球的两次之外,另外两次是减速被月球引力场捕获和在月面着陆。到金星和

火星都需要5次,增加了一次行星际变轨。到巨行星的卫星木卫二和土卫六,则还需要增加一次进入巨行星引力场的减速。从数据看,着陆金星所需的速度增量最大,主要是因为金星的引力场最大;木卫二和土卫六的数值较大,是因为距离远。

　　由齐奥尔科夫斯基的火箭公式得知,任何速度的变化,即Δv,在飞行器质量(m_1的主要部分)不变时,都会带来m_0的变化,即需要更多的燃料。如表5.2所示,离开地球达到逃逸速度所需的速度增量,还没有占到总速度增量的一半(月球和火星除外)。因此,太阳系探索的问题,本质上还是能源问题。而这些能源如果不能就地取材,在行星际飞行的过程中加注,就需要从地球上带来,这就相当于增加了起飞时的质量m_1。可见,除了起飞时达到第二宇宙速度需要比只进入地球轨道大很多的火箭,进入行星际后实施的、对任何天体的探测的变轨,都要求火箭具有更大的运载能力。不然,即使进入了行星际轨道,也什么事儿都干不了!

第六章 距离与时间

无论是从距离还是从时间的角度来思考,太阳系都是非常广袤和深远的,其程度远远超过在地球上生存的人类的常识。如果没有认识到这一点,我们就无法将格局放大,将人类活动的范围充分地延伸到更远的区域。如果将地球比作一颗小绿豆,那么地球到太阳的距离就相当于一个篮球场的长度,而太阳就像在篮球场另一边的一个篮球那么大,整个太阳系的尺度则比数个足球场还要大。如果把无线电波比作声波,从地球发向月球的电波就像一个人朝着数百米远处的山崖或岩壁喊话,要等2~3秒才能听到回声。而从地球向火星发射的无线电波,根据地球和火星之间的距离,需要最短5分钟、最长20分钟才能到达。本章将讨论人类进入深空以后,距离和时间将会给我们的观念带来何种变化,以及我们采取的技术应对措施。

距　离

与银河系的尺度20万光年相比，太阳系只是沧海一粟，在太阳系中的地球上生活的人类就显得更加渺小了。地球表面绝大多数物体的运动速度都在声速以下，如汽车、高铁，即使是超音速飞机乃至子弹和炮弹，其飞行速度也仅是数倍于声速，如1千米每秒，最多不会超过2千米每秒，距离第一宇宙速度7.9千米每秒还差很多。然而，要脱离地球引力进入太阳系，还需要将飞行速度提升到11.2千米每秒。

即使以如此高的速度飞行，从地球飞往金星仍需要5个月的时间，飞往火星最快需要6个月的时间，而这还是距离地球最近的两颗行星，且发射窗口每隔两年多才出现一次。美国NASA在1977年发射的旅行者1号和旅行者2号以16.7千米每秒的第三宇宙速度飞行，经过了40多年，目前才

刚刚飞到太阳系的边缘。可见，人类要做太阳系的主人有
多难！表6.1为太阳系主要天体到日心的距离、公转周期以
及该天体和地球的会合周期。会合周期同时表明了前往那
里的发射窗口多长时间出现一次。如果不在窗口期内前
往，将会花费更多的时间。当天体逐渐远离太阳，公转周期
变慢，其与地球的会合周期将逐渐和地球的公转周期接近，
发射窗口变为每年出现一次。因此，发射窗口间隔较长的
反而是距离地球最近的金星和火星。对于距离太阳很远的
天体，其发射窗口将不再取决于它与地球的会合周期，而是
取决于飞行器打算中途借力飞行的那个天体。关于借力飞
行，也即引力弹弓效应，将在下一章介绍。

表6.1 太阳系主要天体到日心的距离、公转周期以及与地球的会合周期

天体	日心距离 AU(天文单位)	公转周期(天)	与地球的会合 周期(天)
水星	0.3871	87.9	115.88
金星	0.7233	224.7	583.92
地球	1	365.24	–
火星	1.52	686.97(1.9年)	779.93
木星	5.2	4332.6(11.9年)	398.88
土星	9.54	10759.5(29.5年)	378.09

续表

天体	日心距离 AU(天文单位)	公转周期(天)	与地球的会合 周期(天)
天王星	19.218	30685(84年)	369.66
海王星	30.1	60152(164.8年)	367.49

进入太阳系,人类将面临从未有过的长距离的障碍,这主要体现在以下几个方面:

旅行时间长是第一个问题,航天员生理和心理都将经受考验。从地球到月球这个最近的天体目的地需要数天的时间,这个时间还是可以接受的。但是从地球到火星将耗时数月,这对于被限制在狭小空间内的旅行者来说,将经历生理特别是心理的巨大考验。这也是为什么美国、俄罗斯、欧洲及中国等多国的航天机构都已开始针对长时间航行中的航天员的心理问题展开研究,如俄罗斯的"火星500"地面试验、欧空局的"洞穴"训练等。

即使是无人探测器,飞行时间过长也会带来种种问题。美国旅行者号探测器就是一个最为突出的例子。旅行者1号、2号探测器分别在1977年8月和9月发射,目前仍然在工作,已经飞行到了太阳系的边缘。但是当时提出该项目的科学家,很多现在已经超过80岁的高龄。如果一个科学家对自己提出的探测任务,需要等待十年甚至几十年才能看到相关的科学数据,他们提出该任务的积极性就会大大降低。在任务飞行器到达之前,也许他们需要从事别的工作聊以谋生。当任务飞行器到达并开始传回科学数据的时候,原科学团队中的有些人员可能已经不在人世了。

对火星和金星旅行而言,等待每两年左右才出现一次的发射窗口期,也是一个问题。因为一个项目准备多年,如果在窗口期到来之际没有按时完成研制,或出现一些一时无法解决的问题,决策者或许会因为害怕错过窗口期而贸然决定发射。这就会使任务风险增加,甚至导致失败。历史上火星和金星探测任务失败率高,在一定程度上和这个窗口期等待时间太长有关——出于经费、政治等方面的考量而不想等待下一个窗口期,于是让探测器带着问题发射。对未来的载人火星探测而言,一旦错过窗口期,将使得已经选拔出来的宇航员乘组多等待两年。两年间乘组成员的心理、生理都会发生变化，或许将面临重新遴选，这也加重了决策者在选择时的心理负担。对未来的火星旅游而言，如果只能两年去一次，航班的座位都是人人对应的，那么取消一次发射，这批乘客将完全失去机会，组织者将会遇到索赔等更为复杂的管理和商务问题。

飞往外行星际的任务，由于需要向行星借力飞行，窗口期也许会更长，这个问题就会更突出。美国的卡西尼土星探测计划曾因为经费和时间问题，取消了一个与其上搭载的欧空局惠更斯土卫六着陆器联合测试的实验。如果不是在欧空局工程师的强烈要求下，在飞向土星的途中补做了这个实验，价值数亿欧元的惠更斯探测器就会因为收不到信号而完全失败。

如何克服飞行时间长带来的问题，目前的解决方案不多，仍然是研究的热点之一。最为可行的方案当然是持续地加速，用比第三宇宙速度更快的速度飞行。为此，需要提供更多的能源。在太阳能、化学燃料和核能三种选择之中，太阳能在飞往外行星际的任务中的作用会逐渐降低，且因为其能量密度不高，即使采用面积很大的太阳帆，可提供的速度增量也是很小的。目前正在研发之中的小型核能发动机也许是最好的选择，但是除了技术尚未成熟之外，对于载人飞行，核能的安全性始终是一个隐患。对于载人太阳系飞行，也许目前技术成熟度高、能量密度高的化学燃料仍然是首选。所需解决的问题显然还是成本，如果提供所需速度增量的燃料全部都由地球表面带入太空，那将是非常大的一笔开销。因此，尽快开发月球、小行星表面能源提取与在轨加注技术是当务之急。

初步计算表明，采用核能持续加速的技术，可以将无人探测器从地球飞到太阳系边界的时间从30年缩短为10年。

对于载人火星飞行而言，如果采用持续加速的方式，哪怕只提供0.1米每二次方秒的持续的加速度，也可以将到达火星的时间缩短为1个月，或可以考虑在更宽的窗口期内出发，而不是目前在两年多的时间内只有1个月左右的窗口期。

　　对于太阳系长距离的载人飞行,另一个正在讨论和研究的措施是对宇航员实施"冬眠",让其身体的代谢处于最低状态,类似于冬眠动物的生理状态。这样虽然可以解决飞船上宇航员的心理和生理问题,但是对地面上的控制人员和其他人员而言,仍然需要经过长时间的等待,不确定性因素和风险还是会增加。

时 间

长距离飞行必然对应漫长的时间。人类在行星际飞行的时间完全可以采用地面控制中心的时间,这样可以最大限度地减轻地面控制中心工作人员的工作强度;但是在抵达地外天体表面后,则需要考虑该天体自身的天体参数,不同天体上的基本物理参数是多种多样的。

首先让我们来回顾地球上与时间相关的定义:一天约为 24 小时,一年约为 365 天,这都是根据地球自转和公转来定义的。而地球上所有时间刻度的基础——秒,则是根据地球一个太阳日的 $\frac{1}{86400}$ 来定义的。当然,这也是因为钟表的刻度是 12 进制的,即白天约 12 小时,晚上约 12 小时,一天有 24 小时,每小时 60 分钟,每分钟 60 秒,则一天为 86400 秒。显然,这个秒的绝对长度的定义来自地球的自转速度。

　　当我们来到另一个天体如月球后,如果仍用地球上的时间来定义月球上的时间,必然会带来很多不适应。比如月球上的一个白天长达约14.5个地球日,在地球上使用的"白天"和"夜晚",包括"上午""中午""下午"的概念就全都不适用了。那么,我们需要为月球重新定一个时间吗?

　　首先,人类如果移民月球,作息时间是否需要针对月球的昼夜做出适当的调整? 比如,为了在月夜期间节省能源,延长睡眠时间;而在月日期间,则延长工作时间,减少休息时间。如此,根据进化论的观点,在基因突变中能够适应这种连续睡眠好几天,然后连续工作好几天的人将获得更大的生存机会和劳动生产率。其实,现在地球上也有这样的人,他们可以在短期内连续工作24小时甚至更长,然后再连续睡眠一天。在几代人或者几十代人之后,月球上将出现和地球人类迥然不同的新人类,他们的生理、心理,甚至寿命等方面都会发生演化。

　　如果人类移民月球,设想移民月球的人都住在月球朝向地球的这一面,且相距不太远,甚至就住在同一个月球村中,坚持和地球上的人采用同样的时间作息,并且来自不同国家的人坚持按照自己国家的地理时间作息,即中国移民按北京时间作息,欧洲移民按欧洲中部时间作息,美国移民采用美国东部或中部时间作息。这样的话,另一个问题就会出现:这些同住在月球上的人,他们之间如何来往和交流呢? 如果按他们各自在地球上的地理时间作息,那么其相互交流的效率会大大降低。如果大家采用同一个作息时间呢? 是采用格林尼治时间,还是采用国际日期变更线的时间? 无论采用哪种,似乎都会带来政治以及与地球上的人沟通的效率相关的问题。此外,在长达14.5个地球日的月夜期间,如果仍然按地球上的24小时周期来作息,则大家有一半的时间都用白天的能源消耗量在工作。这确实会导致能源消耗量增加,从而对月夜期间的能源需求提出更高的要求。

上面只是在讨论月球自转的问题。如果要和地球上的人交流,那么地球24小时的自转周期需要被考虑在内。因此,月球居民,特别是短期旅游者将会根据地球的24小时周期来和地球上的人交流。这个时间周期也会被纳入月球居民的时间系统中。那将会是一种什么样的时间表呢?

　　让我们想象一个专门为月球上的人设计的月地时钟。首先,这个钟上得有一个1到29的数字窗口,有点像老式的带日历的机械手表,并可以用黑字和白字来区分哪些天是月夜,哪些天是月日。最为重要的是,可以在这个数字窗口中再加上地球被太阳照亮的情况,即在月球上回望地球的"朔"和"望"的地相情况。如果定义数字1为月球的子夜,那地球就是完全被太阳照亮的,即地相的"望"的时候,此时太阳、月球和地球按顺序排成直线。相应地,当数字为15的时候,即月球的正午时分,此时从月球上面看到的地球就是完全的背阳面,即地相的"朔"的时候,太阳、地球和月球按顺序排成直线。这个定义其实就是中国农历中对"日"的定义。月地时钟的数字窗口中,除了农历数字之外,还可以配上地相的图像。

　　其次,在这个钟上设置一根最短的指针,就如同地球上带有24小时刻度盘的钟表的时针,每24小时转一圈。可以以地球的北半球为表盘背景,并在每一个刻度上标记对应地理时区。指针所指的地理位置（经度），就是该地方（经度）的正午时间。

在这个钟上再设置一根长一点儿的指针，类似地球上的钟表的分针，它的转速可以和地球上钟表的分针一样，每小时转一圈。此外，还可以与地球上的钟表一样加上秒针。

也许大家会认为这样的月地时钟根本没有必要，就在月球上用地球钟不是一样吗？显然是不一样的。现在让我们想象一下，专门为月球设计的月地时钟是如何方便月球上的移民生活的。在月地时钟的数字窗口显示7的时候，月球上的人们从睡梦中醒来。经过了漫长的月夜，这时太阳刚刚从东边的月面上升起，而挂在半空中位置不变的地球，刚好是东边的一半被太阳照亮的地相。这时最短的指针刚过正上方的刻度，指向国际日期变更线的东经180度的位置。地球上面的澳大利亚、日本和中国也刚刚进入一天的早上，人们陆续开始工作，月球居民也就可以开始与生活在这些国家的地球人联系了。当这根指针指向东经60度时，欧洲和非洲国家的人们开始起床工作，月球上的人就可以

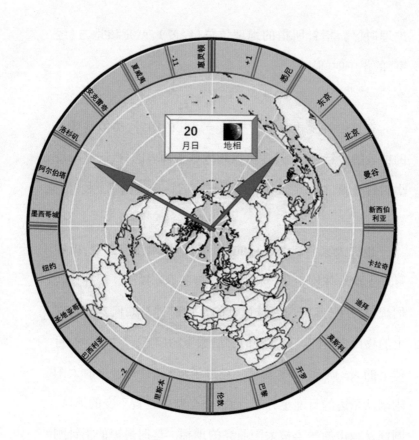

月地时钟

开始和那里的人们联系。再等数小时，当这根指针指向过半，经过国际子午线0度时，美国东部的人们就开始工作了。

在月地时钟的数字窗口显示15的时候，月球居民就会明确地知道，他们正在经历炎热的月日的正午，这时他们看到的地球是完全黑暗的"朔"，或许还会发生长达数小时的全日食。当数字窗口显示22时，太阳将从西面的月平线渐渐落下，月球居民再次进入月夜。

通过对这个月地时钟的分析，我们可以认为月球居民确实需要对29.5天的望朔周期有一个准确的定义。比如，将起始时刻定义为月夜的子夜0时，然后以地球日的长度，将一个月球的望朔周期分割为29.5天（地球天）。

让我们再来看看火星。火星是一个与地球非常类似的天体，它的自转周期为24.6地球时，公转周期为687个地球日。对于未来将在火星上生活的人类来说，为了最大可能地将地球上的各种习惯移植到火星，可以仿造地球时间的定义，将一个火星太阳日也分成24个火星时，从而就会出现一个比地球上稍长的"秒"的定义,即1火星秒相当于1.02749地球秒(88775.24409÷86400＝1.02749)。采用这个秒的定义,仍然以一天24小时,每小时60分,每分钟60秒来定义火星日的长度,一个火星年为668.6个火星日,而不是687个地球日。但是由此带来的问题是,当火星上的移民和地球上的人联系时,需要处处考虑时间标准的不同,并且随时加以换算。为此,需要设计一个可以随意切换和换算的火星钟,通过一个按键,在两个时间系统之间切换。地球和火星之间的时间需要定时标定,比如用同一个脉冲星天体。在火星上也可以和地球上一样,用原子钟来保证计时器的准确。

一个有趣的现象是,由于需要日出而作、日落而息,火星上的移民的生物钟将很快发生变化,从24地球时一天逐渐调整为24火星时一天。这个生物钟经过10天就会比地球生物钟慢6.6小时,经过18天就会出现和地球昼夜颠倒的情况,经过大约36天就会出现滞后一天的情况。更为有趣的是,火星上一年为地球上的1.88年,一个季节的长度也接近地球上的两个季节。那么火星移民的实际寿命会不会比地球人更长呢？火星移民的年龄如果是50火星岁，就相当于地球人的94岁了。在火星上出生的人，将会在10火星岁成年，25火星岁步入更年期，35火星岁步入老年吗？

因为同一个季节的时间在火星上比地球上长接近一倍，植物（如果可以培育出来的话）的生长期将会更长，耕作、收获的时间也会更加漫长。人类的生命和生产周期将会发生什么变化，还不得而知。

需要指出的是，定义火星上的时间，不像在月球上那样，处处需要考虑和地球的交流。在火星上看地球就像在地球上看火星差不多，只是稍稍亮一点儿，也许就像在地球上看到的金星那样亮。尽管很亮，但在火星上看不到地球在转，火星移民也不会随时和地球上的人交流。因为时延太长，不可能在问对方一个问题，然后等10分钟甚至40分钟才得到回答的情况下对话。因此，在火星上生活的人，即使是短期旅游者，基本上都要自主地生活，也完全可以依照自己的需要来对时间进行定义。

以上讨论了距离地球很近的天体——月球,以及人类最有可能移民的天体——火星。对太阳系内的其他天体,如果人类开始涉足那里,并长期在那里生活,其时间单位和定义都需要根据该天体的基本物理参数,如自转和公转加以调整。在此就不一一讨论了。

通　信

超远的距离给航天器和人类未来在太阳系内的活动带来了很多困难，特别体现在通信联络方面。

信息的传递需要无线电波，无论是在微波还是在光的波段，其传播速度都无法突破每秒30万千米的光速。用光速传播，从地球到月球单程所需的时间约为1.3秒，从地球到火星单程所需的时间是5～20分钟，往返的时间还需要加倍。可见，对一个飞往火星的航天器，根本无法通过地球上的运行中心来实时控制其行为。因为如果任何操作都需要等待10～40分钟，让地面运行中心来为其决策后再开始执行，那是不现实的。

测控尚且如此，语音或者视频的实时通信就更是如此。比如在月球上的人和地球上的人语音通信时，每讲一句话，需要等1.3秒才能被对方听到，对方的回答也需要同样长的时间才能传回来。如果考虑到思考和停顿的时间，这种延迟更甚，令人难以接受。它往往使得两个人同时说话，或同时等待，然后同时回答，最后的结果就是各讲各话，无法实现有效沟通。视频则是看到对方在笑或者张嘴开始说话，但实际上这却是1.3秒之前的事情了。在离月球更远的天体上，这种实时的双向通信就变得更不可能了。所以，我们应该考虑其他的通信方式。

我们在很多科幻电影中都看到过，星际飞船上的航天员通过录音和录像与地球上的亲人沟通。这或许是人类离开地球后，由遥远的距离所带来的，与地球上的生活最大的不同之处。你会感觉到，你和地球上的人真正地分开了，不再能面对面一问一答地交流了。这不但是物理上的隔离，还会带来心理上的隔离。人类是我们目前所知的太阳系中唯一的智慧物种，如果人类生活在太阳系中不同的天体上，将会是相对隔离的。并且，经过一段时间的隔离，由于遗传基因的变异和进化论，这些不同天体上的人类将会在当地特殊环境的筛选下，逐渐显现出不同的特征。

　　再回到远距离通信的问题。我们能找到办法从技术上解决远距离实时通信的问题吗？随着量子科技的发展，有人开始设想利用量子纠缠的原理来实现这个梦想。但是，由于量子测量的随机性，即使一对相互纠缠的量子在无限远处可以做出实时的响应，也无法对其进行编码，因而无法实现真正意义上的信息传递。

　　看来遥远距离的通信只能通过延时的、事先录制好的视频或语音相互通信。缺少了实时对话和交流，人类就回到了书信时代，任何问题都无法当面解决。来往于地外天体和地球之间的人将被称为信使。就像电报被发明之前的人类生活一样，地球人与行星人之间无法实时沟通，可能因此而产生隔阂。

　　抛开时延的问题不谈，还存在距离过远信号逐渐减弱、通信速率下降的问题。无线电波的传播在自由空间中随距离的增加而衰减，距离每增加1倍，信号将衰减为原来的 $\frac{1}{4}$。

为了提高接收到的信号的强度,只有两个有效的技术途径:一个是增加接收和发射天线的物理孔径,另一个是增加发射端的发射功率和提高接收端的接收机的灵敏度。增大天线的物理孔径是有限度的,目前地面上用于深空测控通信的天线口面直径已达70米。同样,发射机的发射功率,无论是在飞行器上还是在地外天体上,也都会遇到技术极限,而接收机灵敏度取决于其本身工作时的噪声,通过制冷可以将其热噪声降至极限低温,但其后又将遇到瓶颈。目前,美国发射的旅行者号探测器传回地球的信号的速率已经低至每秒千字节(kbps)以下。

经过多年的发展之后,激光通信技术开始从光纤走向自由空间应用。自由空间激光通信技术的优点是频率高,发射和接收望远镜(天线)的物理孔径虽小但其电孔径(物理孔径和电磁波波长的比值)却很大,因此波束比微波天线更容易集中,形成的波束宽度极窄,这在激光通信中被称为发散角。因为发射能量更为集中,对发射端的功率需求就大大降低。对于飞行器端的设备来说,望远镜物理尺寸小和发射功率小,都是非常大的优势。然而,这个优势带来的问题是对指向精度的要求大大地提高了。波束越窄,指向精度要求就越高。指向精度要求越高,对飞行器的姿态稳定度的要求精度就越高。不过,这个问题已经在技术上突破了。采用两级定向的方法,第一级被称为粗跟踪,即配合微波天线的方位和俯仰机械转台,将望远镜的指向调整到接收端的方向上,并随着飞行器的飞行和其与接收端的方向的变化,一直跟踪。这一级的跟踪精度往往无法做到很高,但是至少可以保持在引导光(其指向与通信光指向一致但波束较宽)波束的范围内。这时接收端就可以接收到引导光的能量,然后启动第二级跟踪。这一级跟踪又被称为ATP(Aiming, Tracking and Positioning),也就是瞄准、捕获和定位的意思。在引导光已经进入接收端的前提下,ATP系统可以通过对望远镜内部摆镜的精细控制,追踪到引导光的光斑,并通过对摆镜的正反馈控制,将其锁定到望远镜的正中间。这时,真正的通信光就可以开始发射,进行通信了。

中 继

　　由于遥远的距离使得信号的能量产生极大的衰减，即使是采用空间激光通信技术，接收端探测器也是有灵敏度极限的。这时，唯一的解决办法就是通过中继，将信息一棒一棒地传递回地球。

　　然而，无论中继站是在天体上，还是在一个独立的飞行器上，都无法保证其正好位于发射端和接收端之间的连线附近。这是由于所有具有一定质量的物体在太阳系的行星际中都会围绕太阳旋转飞行，公转周期由其到太阳的距离及其运行速度和自身质量决定。因此无法保证一个中继点始终处在执行各种任务、飞向不同目标的飞行器和地球之间。如果执行任务的飞行器到中继点的距离比到地球更远，中继点就无法起到任何有效的作用。唯一的解决办法就是在行星际中布局一定数量的中继点,并在这些中继点之间建立起激光通信的网络连接。当执行任务的飞行器需要通信时,首先和距离它最近的中继点通信,再由这个中继点将信息接力到距离地球最近的那个中继点,然后传递到地球。如果在距离太阳大约1.42个天文单位的日心轨道上,均匀设置6个中继点,就可以将从金星轨道到小行星带之间所有飞行器到地球的通信的中继距离限制在1.5天文单位之内。即,只要激光通信的最远距离可以达到1.5天文单位,通过这6个中继点建立起来的行星际通信网就可以将信号传回地球,无论飞行器和地球相距多远。

激光通信实时中继的另一个作用,就是解决激光在穿过地球大气层时衰减的问题。因为地球大气,哪怕是极薄的云,也会使激光产生很大的衰减,所以在激光落地之前,我们需要将激光信号转为可以穿透云层的微波频段。这样我们就需要再补充一个围绕地球的中继通信网,比如在地球同步轨道上布局两颗载有激光通信中继通信机的微波通信卫星,或者在地球中轨道(MEO)上布局三颗载有激光通信中继通信机的微波通信卫星。首先将从行星际中继通信网传回的信号接入这个微波通信网,对接收到的激光信息进行解调,再调制到微波频段上,传至地面。

可见,未来的深空通信系统至少覆盖金星轨道到小行星带之间的区域,包括两个中继网络:一个是由在距离太阳约1.42个天文单位的日心轨道上均匀分布的6个激光通信中继飞行器组成的激光通信网络,另一个是由在地球同步轨道上或MEO轨道上的2~3颗载有激光通信中继通信机的微波中继卫星组成的微波通信网络。一旦这个中继系统建立起来,人类对太阳系的探索就会变得更加可行。

不过,这个中继系统实际上并没有解决通信距离带来的延时问题。虽然它可以确保任何地点、任何时间都能进行通信连接,但是却可能由于中继路径的增加,带来更长的延时。比如,当飞行器和地球分别位于太阳的两侧时,需要经过2~3个中继飞行器的接力才能将信号传回地球。这时单程的延时将会超过30分钟,往返时延超过1小时。

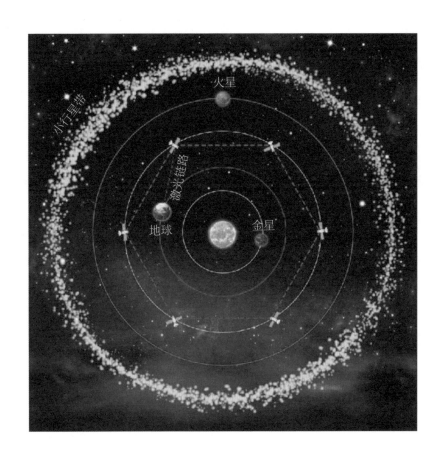

小行星带

火星

激光链路

地球

金星

行星际激光中继通信网

第七章　行星际飞行

人类对宇宙的探索,绝不仅仅只是离开地球,还需要着陆其他天体,如月球、火星、小行星,以及木星和土星的卫星等。本章我们讨论飞向这些天体的技术问题。

轨道交汇

　　要想飞向地外天体,进入围绕其飞行的轨道并在其上着陆,需要做的第一件事就是慢慢将飞行器的轨道和那个要着陆的天体的轨道交会到一起。我们知道,如果飞行器不受任何外力作用,在远离任何天体的惯性空间中飞行时,飞行器的轨道是已知的和可以预测的。这个轨道如果和已知的、即将着陆的天体的轨道在三维空间中没有交会点,它们将永远无法相遇。因此,如果想使飞行器在某个天体上着陆,就需要通过变轨,使飞行器轨道和那个天体的轨道产生交会点,并在一定的时间窗口内使其尽可能地相伴飞行。在这个交会段,如果飞行器的速度比天体的速度快,那么飞行器将从后面慢慢追上天体;如果飞行器的速度比天体的速度慢,那么飞行器需要在前面等着天体追上它。两者速度越接近,轨道交会段时间窗口越长,飞行器被天体的引力场所捕获的技术难度就会越低。

引力捕获

　　体积质量较大的天体,如月球、火星等,其引力场对飞行器具有捕获作用,会明显干扰飞行器的轨道;体积质量较小的天体,如小行星和尺度在数千米以下的小天体,其引力场极其微弱,对飞行器的引力极小,着陆时主要是轨道交会在起作用。因此,着陆质量较大的天体时,对其轨道交会的精度要求就可以适当放宽,只要能使飞行器进入将要到达的天体的引力场范围,并被其捕获就可以。

　　当飞行器进入较大天体的引力场范围并被其捕获后,飞行器的飞行轨道变化将会有两种选择:一是进入围绕该天体旋转的椭圆轨道,二是直接着陆在该天体表面。

　　中国的天问1号火星探测器,采用的是第一种捕获方式,即先进入围绕火星的椭圆轨道,再逐渐变轨并释放着陆器;而美国的毅力号火星探测器,采用的是第二种捕获方式,即跳过环绕飞行阶段,直接在火星表面着陆。

引力弹弓

天体引力场不仅是要在该天体上着陆的飞行器到达天体时必须考虑的因素,还可以为不在该天体上着陆,而仅仅从其身边飞过的飞行器提供加速。利用行星引力场给太空探测器加速,将它甩向下一个目标,即把行星当作"引力助推器",这就是引力弹弓效应。

进入行星际的飞行器离开地球时的初始速度必须大于第二宇宙速度。如果希望其获得第三宇宙速度,可以在进入行星际之后利用其他行星的引力,特别是木星、土星这些巨行星强大的引力为其加速,使其达到第三宇宙速度。加速的原理就是令飞行器飞入该行星的引力场范围,但是并没有靠近到可以被其捕获并与其相撞的程度,在飞行器将和这颗行星擦肩而过的过程中,行星的引力场会为飞行器带来额外的速度增量。如果在飞向太阳系边缘的过程中，多次经过巨行星的身边并获得加速，飞行器就很容易达到第三宇宙速度。由于巨行星围绕太阳公转的周期都很长，比如木星 11.9 年，土星 29.5 年，天王星 84 年，海王星 164.8 年，如果想多次借用引力弹弓效应对飞出太阳系的飞行器加速，需要计算出飞行器离开地球时的最佳发射窗口，但这并不是一件容易的事儿，在任务规划期也不一定能遇到。

引力平衡点

在行星际飞行的过程中,当飞行器逐渐远离一个天体,但是同时又逐渐接近另一个天体时,会遇到两个天体引力作用的平衡点,称为拉格朗日点。如果再同时考虑太阳和更为遥远的天体的引力作用,在行星际中,一定存在很多引力最小的区域。而且,由于所有的行星都在不停地运动,这样的引力最小的区域在行星际中也在随时变动着,就像地球大气层中流动着的低压槽。在行星际飞行的飞行器,如果能够利用好这些引力平衡点,并在那里加速、减速或调整飞行方向,将会节省燃料。

行星际引力势场通道

发射窗口与持续加速

　　根据上文介绍,进入行星际,特别是想在某个天体上着陆,不是什么时候想去就可以去的。因为从地球到任何一个地外天体,都有一个最佳的发射窗口期。在这个窗口期内发射,就可以大大地节省燃料,缩短所需的飞行时间。相反,如果错过了这个窗口期,就需要用更多的燃料来变轨,花费的飞行时间也会显著增长。因此,在可以预见的未来,在每个目的地天体的发射窗口期内,人类的飞行器将扎堆起飞。长期以来,人类深空探测计划的失败率远远大于地球轨道飞行任务。其中一个很关键的因素,就是每当发射窗口期临近,为了赶上在窗口内发射,而不是再等上数年到下一个窗口,总会出现下列一些情况:(1)未能按时完成的部件会找不到合适的替代品来代替;(2)实验中出现的技术问题来不及从根源上得到解决,仅仅从表面上看起来无碍;

(3)有些必须做的实验也许会因为时间来不及或经费不够就跳过不做了;等等。其后果就是任务失败。

在不远的将来,地外资源开发中一个最为核心的应用就是从月壤或小行星土壤中提取运载火箭的燃料,并就地或就近对需要燃料的飞行器实施空间加注。如此,人类在设计进入太阳系的飞行器时,将不会再过度地在节省燃料方面加以考虑。也就是说,飞往地外天体的发射窗口将变得不那么狭窄和重要,在窗口期起飞的飞行器的航班也将变得不再那么拥挤。

更为显著的是,因为燃料可以多次在途中加注,飞行器也许会以更高的速度飞行。特别是对于载人飞行器,如果可以实现持续的加速(包括在旅程过半后掉转方向持续减速),在长途飞行中的人类将会获得宝贵的等效重力,哪怕仅仅是地球重力的 $\frac{1}{10}$,也可以让航天员或星际旅游乘客的生活变得更加方便,比如不再需要用吸管从塑料袋中饮水,直接用水杯即可。水杯中的水将会沉在水杯底部,不会轻易地飘出来。

第八章　资源利用

由于60多年来，人类的深空探测活动几乎都是政府项目，其投入自然也就不可能呈现指数型的增长。对深空探测的投入通常与一个国家的国民生产总值相适应，以大约同样的比例增长，除非出现重大的政治需求，就像美苏太空争霸时期美国全力支持阿波罗计划一样。

如何使人类进入太空的活动，从政治需求走向市场需求，一直都是各国航天界人士密切关注和思考的问题。进入21世纪以后，一个以太空采矿为目标的商业领域逐渐引起人们的关注。

最先推动这件事的是欧洲的卢森堡政府。卢森堡是一个位于法国、比利时、荷兰和德国之间的国土面积不到2600

平方千米的小国，其人均收入在世界上名列前茅。在卢森堡的发展历史上，曾有过几次重要的转型。第一次是卢森堡在独立后，因发现了铁矿资源，大力发展钢铁工业，成为重要的钢铁生产国。第二次是在二战后大力发展金融业，成为欧洲大陆的"银行之都"。第三次是在70年代开始尝试卫星通信业，并很快成为世界上最主要的卫星通信运营商。最近的一次是在2016年，卢森堡提出将太空采矿业作为该国航天事业发展的新领域。

与卢森堡类似，提出要发展太空采矿或太空资源利用的国家还有美国、法国、日本、阿联酋等国，在这些国家，一些小型的、以太空资源利用为目标的创业公司相继成立。而卢森堡则把这个方向作为一个国家目标，从法律、政策和资金上予以支持和推动。

可用资源

　　人类进入太阳系开采资源，并不是为了争夺太阳系中的资源将其带回地球使用。这是因为地球上的资源极为丰富，其中金属类的资源大约90%都可以回收重复使用，比如钢铁等主要金属。一旦其产量达到一个丰度，从矿石中提炼钢铁的成本，将和从废钢铁中提炼的成本相当，进入回收重复利用的阶段。其他类型的金属资源也是如此。

　　能源是人类在地球上最为重要的资源。人类未来能源的最主要来源是太阳能等可再生能源和核聚变。目前看来，在100年内，从月壤中提取氦-3作为核聚变的原料，再将其带回地球的成本，远远高于从海水中提取氘和氚作为核聚变的原料的成本。而在100年之后，即使可以从月壤中提取氦-3并将其低成本地带回地球，需求量与月壤中氦-3的储量相比,也不会形成对资源的争夺。

可见,人类开采太阳系中的资源,并不是为了带回地球使用,而是就地利用。那么,哪些是太阳系中我们最需要就地利用的资源呢?

火箭燃料

太阳系如此之大,如果仅用惯性飞行,以及靠行星引力加速飞行,远远不能满足人类在太阳系中活动对速度的需求。因此,持续加速是未来人类进入太阳系后最大的需求,对燃料的需求也随之越来越迫切。

在第五章中,我们仔细分析了离开地球之难,了解了将燃料从地球带到太阳系中是极不经济的。最经济的办法是在太阳系中就近提取燃料,并给飞临的航天器加注。

因此,氧、氢以及能够提取出氧和氢的物质,都是我们需要的资源,特别是水以及任何含氢、氧元素的化合物,比如甲烷。

太阳能

在行星际中,太阳能随处可取,用之不竭。但是当人类的探测器逐渐远离太阳之后,可用的太阳能将变得越来越少。比如其流量在天王星轨道附近,仅仅是地球轨道附近的 $\frac{1}{400}$ 。因此,对太阳能的利用,主要是在内行星际。在外行星际,到木星轨道太阳辐照常数就已经下降为地球轨道附近的 $\frac{1}{27}$ 了。

太空采矿的梦想

所谓太空采矿,就是发射航天器到太阳系中寻找富含稀有矿产(如钻石、铂、金等在地球上具有高价值的矿产)的天体,然后将这些天体上的矿产带回地球,并在地球上出售,获得经济回报。

尽管这个产业听上去有美好的前景,但如果仔细进行经济核算,就会发现实际上并不可行。首先,虽然太阳系中有几百万个小天体,但是其中绝大部分都是碳质的C类小行星,并不富含稀有金属。因为钻石、铂、金等稀有矿物的产生都需要高温和高压,在太阳系形成初期的尘埃中,存在这样条件的天体的可能性很小。想要探明哪些小天体的主要成分中含有稀有金属,是很困难的事情,这是因为探明物质的组成需要分辨率精细的光谱仪。而由于小行星太小,其反射到地球上的太阳光十分微弱,再经过大气层的衰减,其大部分短波波段的光谱都已经损失掉了。如果把望远镜发射到太空中的地球轨道上去,就需要孔径很大的望远镜以增加对小天体反射光探测的灵敏度。其次,即使发现了富含稀有金属的小天体,发射深空探测器飞行到那里,着陆采样或将其完整地捕获并带回地球附近,在进入地球轨道之后,再将其尽可能不受损失或少受损失地带回地球,也是一项耗资高昂的重大工程。如果把所有这些前期的投入都算在成本内,这些采回的矿产的成本将会非常之高。相比在地球上发现和采集它们,或者从废弃物中将其再次提取并回收,比如大量的废弃电子设备中都有金、银以及其他贵金属,到太空中去采矿的产业将没有太大的利润空间。

经过反复论证之后,卢森堡政府目前已经将太空采矿调整为太空资源的就地利用了。

就地资源利用

就地资源利用(In Situ Resources Utilization, ISRU)，是指人类在地球以外利用或使用当地的资源。广义地讲，应该也包括我们都十分熟悉的太阳能的利用。这里我们重点讨论物质资源的就地利用。

从人类自月球带回的月壤分析结果来看，月壤中主要包含硅、铁、钛等地球上常见的物质，而且大多以氧化物的形式存在，比如氧化铁、氧化钛等。如果按元素的比例来看，氧元素在其中占据了大约40%，这为未来人类的活动带来了很大的希望。因为无论是往返于地外天体和地球之间的飞行器，还是人类生活和居住所需的氧气和水，都离不开氧这个最为重要的元素。这也是就地资源利用的基础条件。

此外，在其他元素中，硅的大量存在也是我们所需要的。因为硅是太阳能电池帆板的主要成分，也是人们制造玻璃的主要原料。同时，硅还是半导体芯片的最主要物质。此外，所有其他金属物质，也都是建造地外人类基地所需要的。

那么，剩下的问题就是如何将这些以氧化物形态存在的物质，还原为其本身。还原反应所需要的大量能量从哪里来呢？最为直接的能量来自太阳，但是需要把热量聚焦和集中起来的反射镜。这个最初的反射镜当然要从地球上带到太空中，并着陆到第一个就地资源利用的基地——月球的表面。另一个途径就是将太阳能转变为电能，再用电能产生激光对月壤加热。这种将太阳能转变为电能，再用电能产生高温的方法，比直接聚焦太阳光的效率要低一些，但装置会更简单。

有了第一批硅和氧，以及从地球上带到基地的少量催化物质和所需的导线等金属物质，就可以逐渐生产出更多的太阳能帆板，然后建立起大规模的能源工厂，为后续就地资源利用和生产提供电力。

当然,也可以讨论利用月壤里面富含的氦-3通过核聚变来发电的方式。上述方式原理上是可行的,只是工程实现上存在问题,并且该技术目前还不成熟。

氢元素也是一个非常重要、不可或缺的物质元素。氢和氧一样,既是液体燃料必不可少的元素之一,也是合成水的必不可少的元素,但是氢的密度远远小于氧。因此在开始阶段将氢从地球上带到基地,也许是比较可行的方案。我们也可以讨论其他就地利用方案,比如从太阳风中捕获质子,再合成为氢气。然而经过计算,这个方式能够获得的氢的量非常少,远不能满足需求。通过分析嫦娥5号返回时携带的样品,发现在月壤中确实存在少量的羟基成分,其中包含的氢远远多于太阳风中的氢,因此除了从地球上带来氢之外,还可以从月壤中提取氢。

在月球两极的陨石坑底部,存在部分永久黑暗的区域。在这些区域中,已经探测到存在更多的羟基甚至水冰。因此,从这里获取氢和氧是比较容易的。但这些永久黑暗地区的资源十分有限,并不能实现可持续的开采,无法支撑人类未来大规模的太空活动。另外,在月球的南北两极少有平坦的月海,缺少月壤资源储备,大量的月壤资源存在于中低纬度的月海中。因此,如果着陆到月球的南北两极,并在那里生产氢燃料和水,距离我们真正需要建立基地和开发的区域还很远,我们也许还需要在它们之间建立月面的运输系统,这就又增加了就地资源开发的成本。

综合来讲,中纬度的月海地区,是人类未来开发月球资源的最佳区域,特别是北纬地区。从这里回望地球,地球仍然是上北下南的,符合我们长期以来看地图的习惯。如果是在月球的南半球建立基地,那么地球将是上南下北,即我们看到的地球将是南极在上面,北极在下面,所有大洲与我们习惯的方向都是相反的。这对未来使用能源最多的月球旅游是不利的。

相比太阳系中其他天体上的就地资源利用,对月壤的就地资源利用是最重要的,不仅因为它和地球的距离最近,还因为它是人类进入深空的跳板。在月球、地球引力场范围内，即使考虑到太阳引力的影响，仍然可以找到从 L_1 到 L_5 五个引力平衡点。其中，L_1 点处于地球和月球连线之间更靠近月球的一边；L_2 点位于地球与月球连线上背向地球的月球的另一边；L_4、L_5 点分别在月球围绕地球旋转的轨道附近，L_4 点在月球前进方向的前面，L_5 点在后面；L_3 点在地月连线与月球对称的地球的另一边。由于太阳引力的影响和月球的转动，这些点实际上并不是一个点，而是一个区域范围。航天器要想停留在这些点附近，需要一定的燃料维持其轨道。综合考虑月球、地球和太阳三者引力的作用，包含 L_1、L_2 点在内，围绕月球的一个近圆形轨道附近，有一个引力最小的环形区域，如果令航天器在这个区域内飞行，由于引力势的最小化，可以使维持所需的燃料也最少。且在这个区域内，无论是进入太阳系或者返回地球，还是着陆月球，都可以找到最省燃料的逃逸窗口。由于航天器需要在这个轨道上沿着与月球自转方向相反的方向旋转，这个轨道被称为月球逆行轨道（Lunar Retrograde Orbit）。在人类进入太阳系深空设立中转站和加注站的过程中，月球逆行轨道是最节省燃料的选择。

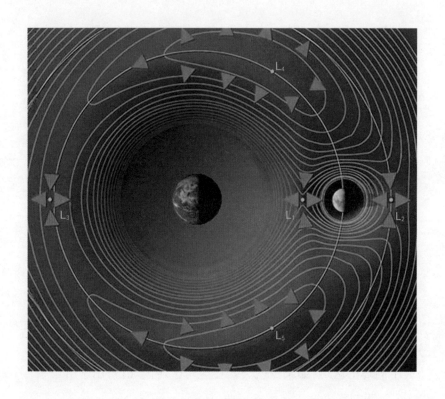

地月系统的拉格朗日点

燃料的生产与空间加注

　　人类要实现大规模进入太阳系,需要具备最重要的技术基础:一是从月壤中提取燃料;二是在月球轨道上,特别是在月球逆行轨道上对飞往太阳系深空和返回地球的深空探测器进行燃料加注。这是因为,即使月球上的重力只有地球上重力的 $\frac{1}{6}$,探测器着陆月球,加注后再起飞所需要额外耗费的燃料仍然是可观的。特别是从地球上起飞的航天器,如果不着陆月球,从地球上带到太空中的燃料的重量将大幅下降。在重型运载火箭的载荷限度之内,这些重量显然可以用于人员、给养等更为重要的,在太空中无法就地生产的物资。而将可以在太空中就地生产的物资,比如燃料,放到月球上生产,然后利用月球上的重力只有地球上重力的 $\frac{1}{6}$ 的优势,可以更为容易地将燃料运输到实施空间加注的轨道,比如月球逆行轨道,或者地月系统的拉格朗日 L_1 点附近的轨道。

很显然,轨道燃料加注站是一个具有商业意义的设施。在月面开采并提取燃料,然后在 $\frac{1}{6}$ 地球重力条件下将其运到加注站等候出售。飞船从地球起飞后,只要速度能够达到接近于第二宇宙速度并在轨道上与加注站对接,就可以将燃料箱加满,获得飞行到深空或着陆月球的能源。只要这些燃料的每千克价格低于从地球表面将每千克载荷运送到这里的价格,加注站业务就有商业价值。

如果只考虑月面生产的燃料从生产基地到加注站的往返运输成本,该成本要远远小于从地球表面将燃料运输到加注站的成本。这是由于月球的引力远远小于地球,且月球上没有大气,因此在月球上返回和着陆较在地球上返回和着陆容易。另外,由于月球上没有大气,其运输航天器更容易实现重复使用。因此,唯一需要考虑的就是燃料在月球表面的生产成本。

然而,在月球表面生产燃料比在地球表面要困难得多。当前各国航天机构，特别是商业航天机构仍在攻克此项技术。与之同步研发的，同样重要的还有月面的能源系统。包括太阳能帆板的就地生产，月夜期间如何继续进行能源获取和生产。假设我们在月球北纬中纬度的月海而非南极高山之上的永久光照区建立基地，相比需要等待更长时间才能走向应用的核能技术，采用大面积的太阳能帆板或许是目前最为可行的技术路线。这意味着即使在月夜期间，通过地球反照到月球的太阳光，仍然可以产生一定量的电能。可见在月面上就地生产大量太阳能帆板，是目前就地能源利用技术应用中最为紧迫的。当然，从月壤中提取燃料的研究工作也首先需要在地面上展开，一旦月面上的能源问题解决了，就可以投入燃料的生产中去了。

大型空间结构的建造

　　仅次于燃料并同样具有商业用途的是结构材料，以及它们在空间的建造技术。与燃料相同，如果将大量建造空间设施的金属结构材料从地面上带到空间，其成本也会远远高于在月球上生产后运送到地月空间的成本。如何从月壤中提取出需要的金属材料是目前人类开发太阳系面临的主要问题之一。但是实际情况是，我们并不需要像在地球上一样，一定要获得纯度很高的铝、铁、镍、铜、银和金等，再制造出它们的合金。对于结构材料，我们也许可以在月壤中直接添加少量物质元素然后通过3D打印获得。具有导电性能的材料，比如太阳能帆板的连接导线，以及大型反射面天线的表面材料，或用来反射太阳光的光滑度很高的镀膜所用的金属材料，由于质量不大，也许可以从地球表面带到太空中或月面上去。由于在太空微重力环境下对结构强度的要求大大降低,月球表面的重力只有地球上重力的 $\frac{1}{6}$,因此,利用月球表面资源生产的结构材料并不需要具有像在地球上那样的强度。目前开展这类研究的机构和企业已有很多。可以预计,在不远的将来,很多空间大型结构建设的材料都会来自月球,而不是地球。

未来篇

Future

　　走出地球,进入深空,人类必须从两个方面做好准备。一是动机,二是能力——包括技术和财务方面的能力。关于动机,如果只从扩展人类活动空间的发展趋势来谈,似乎并不能以此作为离开地球的初衷。人类前几次的进步,如走出非洲和离开陆地开始大航海时代,虽然都基于知识的积累和能力的提升,但也都缘于资源和利益的驱动。进入航天时代以来,从技术上讲,人类已经把超过600名宇航员送入了地球近地轨道,也把12名宇航员送上了月球表面。技术能力似乎已经具备了,但是为什么没有带来人类大范围地进入太空甚至移民呢?

　　关于人类的未来,我们还需要讨论科学和技术以外的问题。

第九章　各方责任

离开地球,进入太阳系深空需要大量的资金。要想研制大推力的运载火箭、高度小型化和高度自主飞行的探测器,获得在行星际飞行过程中变轨所需的额外动力等,都需要比地球空间的飞行器更多的经费支持。

人类迄今为止已经向太阳系发射了大约200个深空探测器,其中大部分计划是在美苏太空争霸期间实施的。冷战结束之后,20世纪90年代航天大国在深空探测技术上的投入曾出现过一个低谷,到2000年之后又慢慢开始回升。近年来,由于中国、日本、印度以及一些新兴航天国家的加入,深空探测的热潮再次兴起。特别是由于太空资源的探索与利用背后的商业利益的驱动,不少商业航天公司也开始把目标指向深空。

　　从人类发展的角度来讲，人类走出地球摇篮之后，一定会走得越来越远，首先是月球，然后是金星、火星，再就是水星、木星、土星、天王星和海王星，进而拓展到整个太阳系。本章将分析政府、公众、科学界和商业资本界在太阳系探测和人类进入深空的过程中应该扮演的角色和承担的责任。这对于更好地利用各方的力量，使对太阳系的探测活动能够可持续地发展下去，使人类能够真正成为利用太阳系中的资源并在其中自由活动和生存的智慧物种，是非常重要和必要的。

政府责任

　　从经费的直接使用权来讲,政府掌握着财政收入(包括税收收入和国有资产收益等)的分配权,统称为政府预算。此外,政府是政策的制定者。通过政策的制定,可以宏观调控其他资源的配置,促进需要大力发展的事业加快发展。再者,政府通过外交政策,参与制定国际规则和联合国的活动,深度参与人类发展活动,是人类发展方向的引导者。

　　首先,关于经费的预算分配,政府应该对深空探测活动给予长期和稳定的支持,并根据国家财政的增长给予相应的增长。深空探测计划应该是整个航天和空间科学领域预算"大盘子"中的一部分。但是同其他航天和科学研究计划不同,深空探测计划除了可以起到带动一个国家航天技术的发展、获得新的科学知识和发现的作用之外，还比其他航天计划具有更强的政治性。因为深空探测器所到达的区域，往往是人类第一次到达的地方，体现人类向太阳系进军的探索和开拓精神。深空探测计划不但对执行该计划的国家具有特别的政治意义，还会推动全人类的进步。因此，任何国家的政府在制定航天和空间科学预算时，都应该对深空探测计划给予特别的关注。比如，不能把它单纯地视为空间科学、行星科学任务，也不能将其单纯地作为航天技术发展的演示验证。在任务目标的选择上，要尽力突出人类走出地球，第一次探索太阳系的意义，要尽力做到开放合作，站在全人类的高度上认识本国立项实施的深空探测任务的意义。需要避免的是，为了确保工程实施上的成功，跟踪重复其他国家的计划已经实现的目标，缺乏在探索上的突破与代表人类探索太阳系的思考和责任感。如此，将会大大降低深空探测计划本身独具的政治意义。因此，在深空探测领域安排稳定和持续增长的预算，并规划好具有突破性的探测任务目标是政府不可忽略和放弃的职责。在经费的使用过程中，政府应该关注任务在公众中的认知度和科学传播的问题，并对此设立预算分项。应要求执行单位对任务进行科学传播和目标意义的宣传,利用人类探索外太空的特殊任务性质,提升公众的科学和认知水平。

在制定政策方面,政府应该特别注意发挥其他社会资源的力量,比如商业航天公司对太空旅游和太空采矿的积极性。太空旅游首先会在近地轨道走向商业化,然后向着月球旅游的方向发展。因此,对月球表面资源的利用,比如从月壤中提取运载火箭的燃料,可以大大降低地月旅行的成本。这些具有商业利益前景的任务,更适合商业航天公司来参与。一旦相应的市场建立起来了,其市场规模的增长速度将远远大于政府预算的增长速度,形成倍增效应,加速人类走出地球摇篮的步伐。从分工上来讲,政府可以做出先期投入,充分利用第一次发现的政治作用和意义,并将所获得的知识和经验公开,向商业领域转移。同时,制定相应的政策,激励商业航天公司加入,开发深空资源,形成新兴的市场。如果没有政府的政策支持和引导,商业航天公司在深空探测和资源开发领域的发展会非常困难,投入成本也将大大增加。因此,通过制定相应的政策,激励和引导社会资本投入深空资源开发领域,加速人类走出地球摇篮的步伐,无疑也是政府不可推卸的责任。

最后,无论是无人飞行器还是载人飞行器,一旦突破100千米高的冯·卡门曲线,就进入了外太空,俗称"出国"了。在人类进入太空时代的初期,美国、苏联都深刻地认识到了这个问题,并支持联合国出面协调各方行动,先后成立了国际空间研究委员会(COSPAR)、国际宇航科学院、国际宇航联合会(IAF)和国际空间法学会(ISL)等组织机构,并在1967年由联合国组织召开了外太空利用大会,由超过100个国家共同缔结了《外空条约》。因此,深空探测的经费可以由一个国家支付,但是在属于国际公共区域的外太空实施。尽管其他空间任务也是在外太空,但是一旦离开了地球轨道,进入深空,人类探索外太空的性质就更为突出。因此,对深空探测任务开展国际合作,拥有国际视野和全人类视野是必不可少的。政府是一个国家参与国际事务的代表,应该在深空探测任务中最大限度地开展国际合作,并代表人类进行太阳系探索的科学传播。

公众责任

一个国家的公众对本国深空探测任务的理解和支持程度,代表了这个国家公民的科学素养。从另一个角度来讲,如果一个国家的公民对深空探测和人类走出地球摇篮的热情很高,就会促使政府在该方面投入更多的经费,实施更多的相关计划。因此,一个国家有没有深空探测计划,或者政府在深空探测方面投入多少,和公众的态度是密切相关的。

在20世纪60年代的阿波罗计划时期,美国NASA的局长曾经收到过一封来自非洲的信。信中质疑阿波罗计划,提出:地球上还有那么多人正在挨饿,为什么要花那么多钱去探索月球? 为此,时任NASA局长回信表示,人类既要解决地球上的问题,但也不能忘记仰望星空和探索未知。这个例子说明,在很多国家,公众对人类走出地球的意义并不理解,他们每天面对的仍然是生存和温饱问题。

　　另外,一部分热情支持航天和深空探测的公众有可能从负面角度影响深空探测和人类走出地球的可持续发展,他们把国家的深空探测任务仅仅看作国家实力的象征,简单地认为只要能去就表示国家强大,只要国家强大,那就什么都能做。这样单纯和表面的公众认知,并不能反映政府实施深空探测任务的初衷。政府需要避免公众产生这样的认知并对其加以引导。要防止公众被利用或被引入歧途,将一项可以站在人类角度和道德制高点的科学任务庸俗化和狭隘化。这也反映出这部分公众的基本科学素养还不高,具有狭隘的民族主义倾向,需要通过较好的基础教育予以提升。这也正是国家深空探测任务需要做好科学传播的意义所在。通过对深空探测任务的科学传播和宣传,使这部分公众从简单地释放热情,逐渐转变为对人类自身、人类在太阳系中的位置和责任,以及人类对地球自身的可持续发展的责任等一系列更深刻的问题和知识的认同。

　　广泛而良好的公众支持度,对一个国家的太空活动非常重要。这主要体现在以下几个方面：

　　1. 积极参与航天和深空探测领域的科普活动，学习地球环境、太阳系的相关科学知识，了解人类探索太空的历史、目的和意义。

　　2. 积极关注国家和商业航天公司的深空探测任务计划，关注从计划的立项到发射，再到飞行器抵达目的地前后的新闻，了解其要回答的科学问题和面临的技术挑战。能够为成功的任务喝彩，同时也可以容忍意想不到的失败。

　　3. 能够站在人类的角度看待本国深空探测任务的作用，积极支持本国政府在人类探索太空方面发挥更为重要的作用。

科学共同体的责任

　　科学共同体是公众的一部分,更是科学发现和研究的推动者和参与者。在深空探测领域,其对应的学科是空间科学学科领域下的空间天文学、空间(地球)化学、行星科学(包括地球物理学)、空间物理学和空间环境科学、遥感科学与图像处理,还有近期发展迅速的交叉学科——比较行星学。此外,在地外生命的探索方面,空间生物学也正在积极参与到火星探测任务,以及正在推动的对木卫二、土卫二的探测计划中来。由此可见,深空探测是空间科学领域非常综合的一个学科领域,除了高能天体物理和宇宙学以外,空间科学的其他分支学科领域都会直接参与其中。

　　在深空探测任务的提出阶段,科学共同体发挥着极其重要的作用。他们提出的有待解答的科学问题,特别是那些极为基础和重大的科学问题,迫切需要一个能够到达那里的探测器给出直接的探测数据。比如对磁场分布、大气成分的直接测量,对天体表面的高分辨率、高光谱的遥感探测,低频电磁波穿透表层的探测,着陆器上安装的地震仪对行星内部的探测,以及巡视器上的粒子激发X射线谱仪对岩石物质组成的探测,甚至使用生物芯片对生命现象进行的直接探测,等等。

但是,由于深空探测任务在政治上的特殊性,即前面所说的第一次到达的政治意义,使得科学目标在深空探测任务中往往被放在工程目标之后、处于第二重要的位置上,科学共同体需要对此给予理解。这个政治特点和一般的空间科学任务是不同的。对于一般的、仅仅使用地球轨道卫星作为平台的空间科学任务,比如空间天文望远镜和微重力科学试验任务等,科学目标一定是第一位的。而在深空探测任务中,工程上的对天体目标的第一次成功到达,将是最为重要的、带有政治性的目标。在此基础上,才有科学目标的实现。但是,如果一个深空探测任务只有工程目标,没有科学目标,或者不重视科学目标,那么将会浪费难得的、对新的天体目标做出科学发现和探测的机会,使得深空探测任务失去科学意义和可持续发展的动力,成为纯政治目的的、不可持续的工程任务。

科学共同体在一项具体的深空探测任务中的主要责任是,提出重大的科学问题和科学目标,遴选实现科学目标的科学有效载荷和确认其探测技术指标,跟踪有效载荷的研制,在探测器进入工作阶段后对有效载荷进行测试和标定,使用这些载荷执行具体的探测任务并获取数据,分析数据获得探测成果,发表探测成果,修改和更新相关理论,推动相关领域科学认知上的进步。

社会资本的责任

自人类进入太空时代以来，深空探测主要是政府投资的、具有很强政治性和科学探索性的航天任务。但是在最近十年，越来越多的关于太空采矿和太空资源利用的具有商业性质的任务开始引起人们的关注。其中卢森堡政府还将其作为政府大力扶持的一个新的商业领域。

人类到月球、小行星和其他行星上获取资源并将其作为商品，从来都不是政府的职责，因此其在人类长达60多年的深空探测历史中并没有得到充分的重视。然而，人类若要大规模地进入太阳系，则不但需要大量的大推力运载火箭，还需要支持人类生存的大量的水、食物等各种给养。如果将所有这些燃料和给养都从地球上带入太空，再着陆到目标天体上，必然是一件十分昂贵的事情。因此，就地取材、就地利用将是唯一的技术选项。

此外,前面已经多次提到,考虑到月球上的引力仅仅是地球上的 $\frac{1}{6}$,从月壤中提取燃料和水再将其运送并加注到进入深空的航天器上,会比从地球上带出来经济得多。因此,太空资源的开采、冶炼、运输、加注等就成为商业资本追逐和投资的方向。

瞄准这些市场方向的初创企业特别需要天使投资人和资本的支持,采用股权融资是它们最佳的发展方式。这就特别需要具有战略眼光的长期投资者加入,对这些初创企业给予持续的支持,直至其完成实验验证,并找到第一个用户。因此,资本方在深空探测方面的职责是,站在人类总要逐渐走出地球摇篮的高度上,分析航天技术发展的路径,识别特别急需的技术发展方向,比如与太空资源的开发和利用相关的技术方向,并对具有竞争力的初创企业给予支持,扶持其成长,直至其能够向用户提供实质性的服务,并引导新的市场成长和发展起来。

第十章　太空旅游

从20世纪60年代人类进入太空开始，太空旅游就成为人类念念不忘的梦想。但是直到21世纪初，才有了第一名非航天员的太空游客，他是一个亿万富翁。他在2001年花费了大约2000万美元，经过半年的训练后，乘坐俄罗斯的联盟号飞船来到国际空间站，并在上面度过了9天的时间。然而，这样的太空旅游，距离普罗大众仍然很远。第一，票价太贵，2000万美元的票价在20多年后的今天相当于5000多万美元；第二，数月的训练时间太长，也不适合大众；第三，机会太少，从2001年到2009年，国际空间站只接待过7名游客。

本章先初步分析太空旅游的目的和市场，再围绕迫切需要解决的关键技术问题，对人类进入太阳系最为重要的活动之一——太空旅游的重要性和迫切性展开论述。

目的和意义

　　本书行文至此，我们并没有对人类进入太阳系的意义做详细的论述，甚至已将其作为人类社会发展的必然，就像人类从大陆走向海洋、从海洋走向天空、再从天空进入太空一样自然。但是，在人类探索太空，进入太阳系的过程中，一直有一个质疑的声音：当世界上很多人还在为吃饱饭而挣扎的时候，人类为什么要花那么多钱去探索太空，特别是那些富人一掷千金，要到太空去旅游？有人甚至还将那些富人的太空旅游称为豪华的太空"兜风"。

　　人类从进入太空时代以来，航天领域的投入始终是以政府投入为主。这些稳定的投入建立了航天科技工业，带动了人类航天技术的发展，也带动了一大批同样可以应用于地面的高科技的发展，如笔记本电脑、CCD 和 CMOS 数字成像芯片等。但是,也正是由于各国政府的高成本投入,使得万无一失成了航天工业的质量标准,形成了从高可靠到高成本,高成本更不容许失败的"高成本——高可靠"之怪圈。这使得航天工业和其他以大众市场为主的工业领域(比如信息工业领域、汽车工业领域等可以随市场发展高速增长的工业领域)非常不同。

近年来,由于商业航天的发展,宽容失败的氛围形成和快速迭代的新设计理念兴起,"高成本——高可靠"怪圈正在被打破。同时,在寻找大众市场的过程中,太空旅游逐渐成为一个可以激励航天工业高速发展的新型市场领域。一旦进入太空的成本降低至普通人可以承受的水平,它的发展将会是爆发式的。它必将会对一个国家,乃至全人类的经济发展带来巨大的变化。因此,它绝不仅仅是少数富人的"兜风"。如前面几章所述,脱离地球引力的技术正在发生革命性的变化,其成本也显著降低,并将继续降低。

人类离开地球,并不是永远地离开,而是有更深层次的意义。正如美国宇航员安娜·麦克莱恩在太空行走之后感悟道:"我感觉我和地球密不可分,仿佛地球就是属于我的,不只是我的家乡,我的城市,或是我熟悉的地方,而是整个地球。我觉得我是地球的所有者,同时也和地球的每一个部分同根同源。你能真切地体会到与地球上每一个人的亲密感。你清晰地认识到,无论你遇到什么样的人,彼此的共同之处都多于不同之处……"

阿波罗8号的宇航员是第一次来到月球轨道的人类宇航员。当他们从绕月飞船的舷窗中,无意间看到蓝色的地球从月球背面慢慢地升起时,拍下了一张后来影响全世界的照片《地出》。阿波罗11号的宇航员科林斯在纪念人类首次登月40周年的时候讲的一段话,应该可以代表曾经从那个距离亲眼看到过地球的所有人的感悟,他说:"我真心地认为,如果世界上的各国领导人能够从距离地球10万英里以外的太空看到我们所生活的这个星球的话,他们的世界观、人生观和价值观将会发生根本性的改变。因为在那个距离看地球,那些所谓无比重要的边界都已经不复存在,各种各样的吵闹和争论也都平息了。地球只是一颗小小的行星,它持续不断地自转、公转,平静地忽略所有分歧。一言以蔽之,宇宙中的地球所展现出来的是一个统一的形象,它呼吁人类形成统一的认知和理解,并得到统一的对待。地球必须真正成为它在宇宙中所展现出来的形象:一个由蔚蓝和雪白两种颜色组成的天体,而绝对不应该存在贫富差距,不应该存在嫉妒和仇视。"

根据这些来自太空的启示和典型的感悟,我们可以设想,当越来越多的普通游客不断地来往于地球与太空之间时,人类整体的思想观念将会发生潜移默化的变化。这些变化将使人类整体意识到,地球是我们唯一的家园,全人类原来都是一家人,我们的相同之处远远大于我们的不同之处,我们全人类和地球在一起,就是一个命运共同体。

可见,太空旅游的目的和意义,要远远大于所谓的少数富人到太空去"兜风"。太空旅游一旦成为大众的市场行为,将成为改变人类观念的重要方式。就如同由于火的发明,人们晚上围坐在火边讲述各自白天的经历,逐渐丰富了语言;由于农业和养殖业的发展,人们逐渐从游牧转为定居,文字开始出现;由于天文导航和造船技术的发展,人类发现了新大陆并涉足全球,用工业化建立全球市场、实现现代化这些进化阶段一样,由技术进步带来的太空旅游将成为人类又一次活动范围和文化观念的进化与突破。

市场需求

　　能否尽快地使太空旅游成为人类活动的又一个里程碑,并对人类文化观念产生显著的影响,很大程度上取决于脱离地球引力的成本能否尽快降低。而且必须由商业公司提供全程服务,从发射场、运载、旅游飞船,以及后续可能的轨道太空旅店到返回着陆场等。因为一旦引入了国家基础设施,其费用就会大大提高。就像太空探索公司(SpaceX)虽然已经把自己的运载和飞船成本都降了下来,但是在为国际空间站运送游客时,其收费报价并不会因此而降低。

　　那么到底什么价格才能被大众接受呢? 我们可以从两个角度来判断。首先从服务提供方的成本来考虑。目前SpaceX的一级火箭和发动机的重复利用技术已经成熟,每千克的入轨成本已经降低到2000美元以下。如果一个游客的体重约为70千克,再加上他所需要的给养约30千克,按100千克计算,其进入近地轨道的成本大约为20万美元。这里只考虑了因人员重量带来的入轨成本。再来考虑载人飞船和返回舱的入轨成本,如果载人飞船和返回舱的载荷比为1:3,也就是说1000千克的载荷需要2000千克的飞船重量来支持,那么一艘2000千克的空载飞船可以搭载1000千克的人员和货物,10个人的起飞重量就是3000(2000+1000=3000)千克,这艘飞船的发射费用就是600万(2000×3000=6000000)美元。人均分摊的发射费用为60万美元。再考虑飞船本身的成本。比较合理的预估为,一艘利用成熟技术生产的商业返回式飞船的造价大约为4000万美元,如果能够做到像运载火箭那样重复使用10次,其造价分摊到每次飞行的成本为400万美元,再分摊到每个乘客,就是每人40万美元。所以每个乘客每次飞行的成本约100(60+40=100)万美元。这是从太空旅游服务提供商的飞行成本角度来估算的价格。整个估算是比较粗略的,其中忽略了运行成本和利润,也没有考虑新技术发展可能将成本进一步降低的因素,主要还是从数量级上来估算和考虑的。

我们再从乘客能否支付得起的角度来估算。目前衡量发达国家的标准是人均GDP在3万美元以上。以美国为例,据统计,占主要人口(约50%)的美国中产阶级家庭中,前20%的高收入阶层的人均年收入的中位数约为20万美元,而美国3.5亿人口中劳动力人口比例为28%。因此,有980[3.5亿×0.28(28%的劳动力人口)×0.5(50%的中产阶级)×0.2(中产阶级中前20%高收入人口)=980]万人,即有大约980万人的年收入的中位数大于20万美元。如果其中10%有参加太空旅游的意愿,那就是近百万人。如果他们在10年内陆续参加太空旅游,每年平均也会有近10万人的市场规模。考虑到每人每次100万美元的票价,仅仅在美国,太空旅游的市场规模就可达千亿美元,这还没有考虑周边相关产业的市场规模。而10年后的中国,也应该有类似的市场规模。

依据另一个统计数据,也可以得到类似的结果。在美国,10%的高收入家庭占有了超过全国70%的财富,而其中5%的家庭财产大于100万美元。我们按平均每个家庭4口人估算,美国有大约8750(35000÷4=8750)万个家庭,其中

437.5(8750×0.05＝437.5)万个家庭,即有400多万个家庭具有支付100万美元太空旅游费用的能力。如果其中10%的家庭(考虑一个家庭两个人)愿意参加太空旅游,就会有数十万到百万的人参加太空旅游。因此,其市场规模和前一种估算相当。

服务市场的能力

根据上文对市场需求的初步分析,假设在美国每年有10万人到太空去旅游,那么平均每天就有超过270人进入太空。如果一艘普通的载人飞船可以搭载6名乘客,就需要45艘以上的飞船。如果只有一个太空旅游公司,从同一个太空港发射,其航班的频度是大约每半小时发射一艘飞船。相应地,每半小时就有一次返回舱着陆。如果有2~3个太空旅游公司经营太空旅游业务,那么其发射和返回的密度可以相应地减少为每小时或更长时间一次。可见,这个市场规模还是很大的,需要完善的基础设施来支撑。

我们更需要考虑的是轨道太空旅店或月球旅店的承载能力。一般来说,一次比较舒适的太空旅游,不算起飞和返回所用的时间,在太空至少停留2~3天。那么就需要500~

800间太空旅店客房才能接待这些游客。参考国际空间站的规模，如果一个轨道太空旅店拥有20个单独的房间，就已经是很大规模的了。那么数百个房间需要有数十个类似于国际空间站大小的太空旅店在近地轨道上飞行。这也许并不是一个可行的方案。但是，如果将太空旅游的范围仅仅限制在载人飞船和返回舱内，就会大大降低太空旅游的舒适度和意义。因此，建造拥有上百个房间的大型轨道太空旅店之困难，将是制约未来太空旅游商业发展规模的瓶颈。目前正在设计的，带有人工重力的自旋轮盘式大型太空旅店或许是一个可行的方案。在这种太空旅店里度假，每个房间都有观看地球的大舷窗，并且由于轮盘的自旋，生活在其中的游客会感受到人工制造的重力加速度，可以避免由微重力环境带来的呕吐、眩晕等诸多不适，由此也可放宽对游客身体条件的限制。此外，在月球表面建造可以逐渐扩大规模的、模块化的月球旅店，也是可以预见的、能够逐步接待越来越多的游客的解决方案。无论是大型的轨道太空旅店还是月球旅店的建设，可以想见，大型的太空结构制造必将是未来需要发展的技术和产业之一。

　　必须说明的是,在上一节中对市场需求的分析中,关于价格的计算,并没有考虑到居住在太空旅店里的费用。如果加上这笔费用,将太空旅游的票价再增加一倍,达到每人每次200万美元,或许是未来太空旅游发展初期比较合理的价格。

旅游目的地的发展

太空旅游的第一步显然是进入临近空间（距地表20～100千米），目前这个目标已经实现了。短期的、刚刚超过100千米冯·卡门线的临近空间太空旅游，虽然可以让游客从100千米高的亚轨道上欣赏地球的美景，但是由于时间只有几分钟到几十分钟，无法给人留下更深刻的印象，有点像坐一次过山车。部分游客或许会更愿意将其作为一次娱乐和冒险。

当重复利用技术更加成熟，飞船和返回舱的成本进一步降低，让游客停留在飞船上或返回舱中而不是太空旅店中的太空旅游就成为可能。目前 SpaceX 公司已经开始实施这种旅游计划。这种方式很像是各国载人航天活动的早期项目，只能用飞船进入轨道并返回，没有空间实验室或空间站如加加林或杨利伟那样。如果舱内空间太小，他们也许只能解开安全带,飘浮在舱内有限的空间中。这种旅游方式,介于真正的太空旅游和临近空间的短期娱乐与冒险之间。唯一不同的是,由于飞船达到了第一宇宙速度,旅客可以在近地轨道上停留2～3天。但是由于生命保障系统和飞船空间的限制,游客在舱内没有私密空间,并不能像在旅店房间内一样正常生活。

当轨道太空旅店真正成为现实之后,飞船就成了运输工具,专门负责把游客从地面上送到轨道太空旅店,再把已经结束假期的游客接回地面。游客在轨道太空旅店中的生活,将是标准的度假生活,可以在其中停留数天。

根据能否制造出人工重力,轨道太空旅店又可分为零重力旅店和有重力旅店。零重力旅店就如同目前的国际空间站或中国的空间站,但是会将其中大量的科学研究设备改为生活服务空间。因此,会比政府用于科学研究和探索的空间站更加宽敞,并将设置更多的观景窗。

在这种旅店度假,仍需要克服零重力对人体的影响。

通常这种影响会在2～3天内消失,因此度假的周期应该更长一点儿,比如6～7天,使得游客在后面几天适应了零重力环境之后,能够更好地体验太空旅游带来的乐趣和奇妙。

有重力的轨道太空旅店一定是旋转式的,并通过离心力产生一定的重力。这个重力并不一定要与地球上的重力相同,可以稍小,给游客一种轻飘飘的感觉。但是,仅仅是这一点儿重力,就可以解决很多零重力下无法解决的问题。比如放在桌子上的东西不会飘起来,杯子中的水不会洒出来,等等。游客在太空飞行和进入太空旅店的短时间内会处于零重力环境,但是时间会很短,人的太空零重力反应还没有明显出现,就进入了有重力的旅店房间中。因此,在这种有重力的轨道太空旅店中度假的时间可以为2～3天。当然也可以按天收费,多住几天。

这种有重力的太空旅店可以建造在任何高度的轨道上,比如在同步轨道(36000千米)以外。这样旅店中的游客就可以看到完整的地球,而不是像在近地轨道上只看到地球的一部分,山川、大海和城市都在眼前快速地飞过。更为重要的是,在同步轨道高度上,游客不但可以欣赏到地球的全景,而且如果这个轨道旅店就定位在你的国家上空,你可以始终看到你的祖国。在那个高度上看地球,就像从月球上看地球一样,地球是一个真正的蓝色的星球。当然,更高的轨道将带来更高的运输成本,使得度假费用有所提升。

下一个旅游目的地当然就是月球。在月球表面建造起旅店之前,也可以考虑让游客在环月轨道上观光。当然这个环月轨道旅店只是暂时的,也就是在月面上建造起真正的旅店之前的不得已之举。这是因为月球轨道旅店同地球轨道旅店一样,也是零重力的,游客生活在其中必须适应零重力的身体反应。一旦月面上的月球旅店建好之后,游客就可以在月面上度假。那里的重力加速度是地球上的 $\frac{1}{6}$,无须制造人工的重力加速度,就可以使人享受飘浮轻盈的体验,又可以避免零重力环境带来的种种不适。

当然,如果将太空旅店定位在月球和地球之间的拉格朗日 L_1 点上,游客就既可以看到地球的全貌,又可以看到月球的全貌。

未来的月球基地(想象图,吴兆辰绘)

　　月球之后的旅游目的地是火星,而不是金星。尽管金星距离地球更近,但是由于金星上有浓密的大气,在金星表面既看不到太阳也看不到地球。还因为金星表面温度极高,白天超过400摄氏度,足以使铅熔化成液体,并不适合人类活动。可见,月球之后下一个供人类前往旅游的天体一定是火星。但是前往火星的旅程,以现有的技术需要飞行6~9个月的时间,等待下一次接近地球的发射窗口再飞回地球,往返就是3年的时间。这显然不是一次一般的旅游。因此,如果想去火星旅游,还需要等待技术的进步,比如待低价的太空燃料生产和就地加注技术成熟以后,飞船就可以持续加速飞行,而不是借用惯性的弹道飞行。如果将飞行时间缩短到1~2个月,并可以不考虑发射窗口随时出发,将整个旅程缩减到数月,那么火星旅游有可能成为现实。

第十一章　太空移民

地球是太阳系中唯一的且最为美丽的人类家园。人类作为太阳系中唯一的智慧生命，在地球环境中起源和发展，并最终将走出地球摇篮。在未来，当人类解决了可持续加速的行星际航行技术问题之后，人类的足迹可能会遍布整个太阳系。但是，移民到地球以外的天体，并在那里世世代代地繁衍生活，有必要吗？有可能吗？

我们先来考虑其必要性。有一种情况，当地球环境无法承载人类的发展，人类必须移民到其他天体上去时，太空移民是必要的。从目前地球人类的发展来看，我们经历了走出非洲、定居各个大陆、发展农业和开启大航海时代等阶段，人类对自身和地球的认识也在不断加强。特别是进入航空航天时代以后，100多年来，人类越来越清晰地认识到地球是太阳系中唯一能够承载人类和众多生命的天体，人类的发展必须而且能够做到可持续。一方面，从 20 世纪 70 年代以来，人类人口增长已经多次没能达到预期的速度。这主要是因为越是发达的国家，人口的自然增长就会越慢。而整个世界的经济仍然在发展，越来越多的国家会在未来数十年内进入发达国家的行列，步入人口缓慢乃至负增长期。另一方面，科技的发展让人类利用的能源从化石燃料逐渐转变为清洁和可持续能源，人类并不会遇到能源无法支撑可持续发展的瓶颈。因此，我们乐观地预计不会出现因人类自然增长使得地球难以承载的局面。这是基于人类经济、文化和文明程度不断提高的现实来判断的。因此，太空移民将和未来对地外天体的访问，包括科学探索和文化旅游紧密相连，而不是逃离地球、寻求更大的生存空间的被迫迁移。

那我们再来考虑一下，基于科学探索和旅游的太空移民到底可行不可行？人类最终能成功移民另外一个天体吗？环视我们的太阳系，与地球最为类似的天体是火星。在第一章中我们已经了解，火星表面只有非常稀薄的二氧化碳,没有能够支持人类生存的氧气。因此人如果想直接生活在火星表面,必须头戴氧气罩,身背氧气瓶,身穿具有一定弹性压力的火星服。而且由于火星上很冷,即使种植粮食,也必须是在人类建造的温室中,而不能直接在火星表面种植。科学界也有人讨论如何改造火星的大气,以增加其密度,改变其成分。但是开展如此大规模的火星地理工程,即便可能,也必将耗时数万、数十万年,甚至更长的时间。这并不是我们现在需要考虑的。我们现在需要考虑的是加快在太阳系内的飞行速度,使我们能够在最短的时间到达太阳系的所有地点。尽管火星在地理特征方面已经是太阳系中最接近地球的天体了,在我们可以想象的未来时间里,火星上的人类还是只能像在地球轨道空间站和月球上一样,生活在一个充满和地球大气成分一样的气体的高压舱内。

让我们沿着距离地球的远近和可能实现的时间顺序,逐一讨论人类在近地轨道太空城、月球,以及火星上居住的可能。

轨道太空城

　　可能就在不久的未来,5～10 年内,人类首先将实现在轨道太空旅店中的长期停留。居住在其中的,首先就是那里的工作人员。这是因为在这些近地太空旅店中,需要配备一定数量的运行和维护人员,如管理、技术和服务人员。这些工作人员或许可以被称为第一代太空居民。注意,这里说的是居民,还不是移民。他们可能 3 个月,甚至一年轮换一次。因此,他们在轨道太空旅店工作期间,就可以被称为太空居民。当然这和太空移民是完全不同的。由于可以方便地往返于太空旅店和地球之间,他们不会在太空旅店中生育和繁衍。

月球移民

　　同样,在未来的月球旅店里,也会有运行人员、维护人员和服务人员。由于月球到地球的距离比近地轨道更远,为了节约月球旅店的运行成本,他们往返地球家园的轮换时间可能更长。随着月球旅店的规模逐渐扩大,以及配套设施的逐渐完善,一旦其工作人员的规模达到一定程度,并有配套的医疗和保育设施,甚至教育机构,就会出现夫妻同时在那里工作,并在月球上面生育及抚养下一代的现象。久而久之,第二代、第三代月球移民就会逐渐区别于地球人类。这也许就是真正的月球移民的开始。在第六章中,我们曾经讨论过月球上需要建立新的时间标准。因为月面上的昼夜和地球上明显不同,如何更好地利用月球上昼夜的优势、避免劣势,就会成为月球移民的进化方向。经过几代、十几代,或者数十代的繁衍,月球人类也许就会出现明显不同于地球人类的生理特征。比如能够在月夜更长时间地睡眠,同时也能够在月日更长时间地活动。由于月面上的重力只有地球上的 $\frac{1}{6}$,月球移民的身高将会明显高于地球人。但是,这些月球人是高压舱中的生物,他们的生存环境是依靠人类技术维持而非自然维持的,因此,他们的未来和这些技术紧密相连。无论他们是否能够在这个技术环境中幸福地生活,一旦这个技术环境遭到破坏,他们也就将随之而去。这里的伦理问题,还需研究者们进行深入的研究。

最为重要的问题是,一旦长期生存在月球上的人类开始繁衍,他们对月球资源的利用意识就会逐渐提升。伴随着月球就地资源利用技术的发展,基于月球资源的经济将会逐渐发展起来。而所有这些技术设施将会逐渐由第二代、第三代或者更以后的月球移民来运行。甚至会出现由月球移民成立的技术开发公司经营的能源企业,开始直接从地球人类的深空活动和月球旅游中收取费用。此外,月球移民也许会通过改造月壤,在高压舱内种植月球上特有的食用植物及其副产品。月球移民不但运行着上述源自月球的经济产业,他们还会逐渐发明和创造新的产品。因此,他们的自我意识也一定会逐渐萌生和发展。那么月球还会像南极一样,是地球人"共有"的大陆吗?即使地球人同意可以共有月球,月球移民会同意吗?当月球移民开始出现自我认同感,他们和地球人之间也许会出现主权、领土等政治问题之争。因此,讨论月球移民不能只关注技术上的问题,还必须研究和讨论法律乃至政治层面的事项。同样,火星人也需要居住在高压舱内,也会发展自身的经济,因此月球移民的问题也是未来火星移民会出现的问题。解决好月球移民的问题,将为火星移民面临的问题做好铺垫和准备。

火星移民

即使人类解决了持续加速问题，并将地火旅行时间缩短到1~2个月，为了降低运行成本，在载人火星基地和火星旅馆工作的人员仍可能会在那里停留较长的时间，比如5年甚至是更长的时间。这对他们而言也许就是移民到了火星，因为他们可能会在那里结婚、生子。这又会促进医院、学校、农业生产等各种其他行业的兴起。因此，载人火星计划的规模，从一开始就会比较大，需要建设一个小社会。

人在火星上生活，与在月球上生活有很大的不同。首先，火星自转周期与地球非常相似，火星上的一天为24.6地球时，即只比地球上的一天稍长一点儿。显然，在火星上生活的居民，很快就会适应这一点，并按照这个时间来安排起居，其生物钟也会较快地调整为24.6地球时一天。

其次，火星上的季节和年都比地球长，是地球上的1.88倍。那么农业生产也需要按这个季节周期来安排。为了节省能源，充分利用太阳能，经过培育的植物的生长周期也许可以相应延长，以火星年为周期播种和收割。

这些自然周期的变化，慢慢地会影响到在火星上出生的火星移民的基因。适应这种周期的人类后代将会获得更多的生存机会，产生更大的生产力。因此，经过几代、十几代或者数十代人，未来的火星人将和月球人、地球人在生理上出现明显的不同。

火星上地质地貌变化很大，在北半球有大面积的平原，在赤道区域有高山和峡谷。比较特别的是那些很深的峡谷，在峡谷的底部，海拔最低的地区，无论是大气密度还是白天的温度，都会较其他区域更高。那里也许是未来火星移民可以考虑的最佳定居点。

最后，如同月球移民，我们必须讨论一下火星移民未来是如何生产和创造价值的。在最开始，所有火星上的居民

马斯克的火星城

（还不能称为移民）都是围绕一个行业而工作的，即为地球人在火星上的科学探索和太空旅游服务。这些服务的费用都是由地球人支付的。但是经过一段时间，当火星温室内的农业生产可以产出粮食，发展成为火星农业；当从火星土壤中可以提取出火箭发动机的燃料，发展就地资源利用工业；当利用火星土壤生产出的太阳能电池板可以发电，发展火星电力工业……当所有就地生产的产品都开始创造价值并可以交换，特别是当这些产品明显比从地球上带到火星上更便宜的时候，火星上的居民与月球移民同样面临的自我认同问题、法律问题、政治问题也就会出现了。

第十二章 人类的未来

不管是未来50至100年，还是300到1000年，人类必然走向太阳系深空，这一点毋庸置疑。除非人类自我毁灭，包括发生核战争，或者无法控制的科技内卷，比如计算机仿真技术的发展既支持了人类走向深空的技术进步，也正在将人类引向虚拟的宇宙，或许将迟滞人类走出地球、探索真实宇宙的步伐。但是，如果这些毁灭人类的战争和科技进步带来的内卷没有发生，那么对人类未来走向太阳系深空的展望是什么呢？

近地轨道

　　从俄罗斯的和平号空间站开始,人类实际上已经实现了在近地轨道空间站的长期停留。特别是从1998年开始建造的国际空间站,至今已经在轨运行了二十多年,并长期有人居住。中国的空间站也从2022年开始进入正式运行,长期有人照料。但是这些都是政府航天任务,迄今为止也只有600多位航天员和十几位自费旅游者到访过,这些自费旅游者也不能算是普通人。他们的训练时间相当长,付费极高,连他们自己都更愿意被称为"自费宇航员"。但是,通过政府的载人航天计划历时几十年的探索和研究,人类在轨道空间环境中可能出现的所有生理和心理问题目前基本上都已经摸清楚,并找到了解决方案,比如零重力环境下的太空眩晕可以用药物来加以抑制等。所有这些研究成果都可以应用在未来人类商业性质的、大规模的进入太空的活动中。

商业性质的、大规模的普通人的太空旅游显然不能仅靠政府建设的空间站，还需要商业资本的投入，以建设数量更大、成本更低、更符合太空旅游需求的、商业性质的轨道太空旅店，并由航班化的太空飞船来运输游客。

在近地轨道上长期停留的主要优点是距离地球比较近。飞船接送游客只需数小时即可和轨道空间站或太空旅店对接，再用几小时就可返回地面。进入近地轨道所用的燃料相比更远距离的太空飞行也更少。这些燃料完全可以从地面上携带。人在近地轨道空间站或太空旅店中的所有给养，如水、氧气以及食物，不仅可以做到部分循环，还可以从地面带到轨道上面，且不会增加过多的成本。

近地轨道对人类的限制也是明显的。无论是何种环地轨道，无论其高度多少，实际上人类并没有真正地离开地球，仍然是在地球的引力场束缚之下，在地球母亲的怀抱中。从近地轨道上回望地球家园，虽然脱离了大气层，可以看到黑色的宇宙星空,但是只能看到地球的一部分,无法看到地球的全景。这必然会激励人类走得更高和更远,脱离地球。为此,轨道太空旅店也可能会在上万千米的中轨道,甚至到3.6万千米高的地球同步轨道上建设。在那里,美丽的地球全景将展现在游客面前。但是由于数万千米高的轨道的往返运输成本远远高于近地轨道运输的成本,也没有月球旅游那样着陆在另一个天体上的体验,因此,高轨道的太空旅游也许会和近地轨道的太空旅游一样,仅仅是人类走出地球的一个过渡阶段。

月球是下一站

在走向深空的过程中,月球是人类无法绕过的一站。它和地球的距离适中,即使用现有的技术,也只需2~3天的飞行时间。加上在月球轨道或月面停留的时间,往返全程也只需6~7天的时间,这个时间长度非常适合度假旅行。

月球上有重力,虽然重力只有地球上的$\frac{1}{6}$,但是聊胜于无。它可以帮助人类减轻在零重力环境下的各种生理不适,帮助人类尽快适应并体验奇妙的弱重力环境。月球上没有大气,其地质活动也在大约30亿年前就停止了。此外,月球上有大量的资源,仅月壤中的氧元素的含量就超过40%,还有大量的、人类建设月球基地所需的铁、钛等金属成分。因此研究和开发月球仍然是人类最为重要的科学和应用领域,特别是对月壤资源的就地利用,是人类太空探索最为主要的课题之一。

　　从月球回望地球,正像50多年前那些阿波罗号的宇航员所体验的那样。人类对地球可以获得一种全新的认识,那是一颗蓝色的、非常美丽的行星,平静地旋转着,忽略所有争吵,她是我们全人类的家园。因此,月球是人类进入太阳系的重要目的地,在那里人类可以获得太空给予的重要启示,可以获得来自自然界的更大格局的洗礼。就如同在地球上登上山顶,获得"一览众山小"的宏大的格局和深抵内心的感受。

　　地月系统中围绕月球有四个拉格朗日引力平衡点。围绕且经过这些点运行的轨道是燃料最省的地月回归轨道,在这个轨道上实施燃料加注,可以为飞船补充在月面上生产的更为廉价的燃料,使它飞向更远的行星际。因此,月球是人类进入太阳系活动的重要基地和中转站。

　　载人的月球科研基地首先由政府建设,预计将在10年内实现,之后便是商业性质的月球开发与旅游。这些都是可以预见的未来。

持续加速航行

相比美国 NASA 和 SpaceX 公司正在论证的载人火星计划,加快行星际飞行的速度可能更为有用和紧迫。这是因为,目前即使是在每25个月才出现一次的窗口期时利用惯性弹道飞行,从地球飞往火星也需要6~9个月的时间。一次往返任务需要大约3年的时间,这对于载人飞行任务来说还是太长了。但是,如果能够在月球轨道附近给飞行器补充燃料,使航天器持续加速,则飞往火星的窗口期将会大大拓展,并能在更短的时间内到达。这也许是未来人类能够实现火星开发的更为重要的前提,而不是去了就要待在那里多年,甚至成为居民。因为在到达火星的短期内,这些居民并不创造价值,不能自给自足地生产和生活。他们所需的所有生活保障都要从地球上带去,无法做到可持续发展。而为了创造自给自足的生活条件,甚至就地发展农业和工业,就需要高效的交通工具,加速地球和火星之间的来往。因此,持续加速的行星际航行将是人类未来实现火星开发的前提。

空空经济与可持续发展

政府航天的主要目的是科学探索,并伴有一定的国家政治目标,不可能发展成为一个可以不断增长的市场需求。除非出现冷战时期太空争霸那样的政治需求,否则政府在航天领域投入的增长将会是缓慢的,甚至是停滞的。这就是在载人登月50年后人类仍然迟迟无法重返月球并飞往火星的原因。

在商业领域,一旦出现新的市场需求,将会吸引大量的投资进入,并迅速实现指数规模的增长。而这些需求,往往是潜在的,有时需要技术进步来拉动。移动个人智能终端的巨大市场,实际上就是芯片技术、宽带移动通信和互联网技术的发展带动起来的。

在载人航天领域,潜在的、政府需求以外的商业市场就是我们在本书中反复提及和讨论的太空旅游。一旦技术的发展将价格降低到一个公众能够接受的程度,就会出现井喷式的发展。其直接市场规模可达千亿美元,间接市场包括月球资源开发等市场的规模会更大。

一旦普通人进入了太空,相关的服务需求市场将会随之发展。这里,我们把需求在太空、生产也在太空的经济,统称为空空经济。相对应地,利用在太空的技术设施,服务地面用户的经济,可以称为空地经济。

首先是燃料在太空的就地生产和加注。如上节所述,人类未来的深空飞行,不能仅靠惯性空间的弹道飞行来满足。究其原因,一是飞行时间太长,二是零重力环境对人类长期生活不利。如果能够实现持续的加速飞行,无形中就产生了人工的重力加速度,这对人类的生活非常有利。但是,持续的加速飞行所需的燃料,一定不是从地球上带到太空中,然后再在太空中加注的。最好的办法是在月球表面的月壤中提取,再运送到地月空间附近的加注站。因此,从月壤中提取燃料,并将其运送到地月空间的加注站,给来往于月球、深空目的地和地球之间的飞船加注,将会成为一个很大的市场,也会是潜在的、巨大的空空经济的一部分。

其次就是月夜能源。由于月球的自转非常缓慢,有长达14.5个地球日的月夜。为保障月球上的载人基地、月球旅店能够昼夜连续工作,就需要考虑月夜期间的能源供给。这些能源如果来自月壤,不但效率较低,还会消耗掉本可以用于飞船燃料的氧和氢。由于即使在月夜期间,月球的天空也不是黑暗的,那里有一个硕大的地球固定地挂在空中,因此在基地附近铺设大面积的高效太阳能帆板,利用地球对太阳光的很高的反照率,就可以接收到相应的太阳能。这些帆板在月日期间同样也可以发电。因此在月面上以月壤为主要原料,生产太阳能帆板,并组装成太阳能电站,是一个非常有前景的工业领域,也是一个潜在的、巨大的空空经济市场。

再有就是中继通信。任何人进入太空以后,都希望继续和地面上的亲友和同事保持实时的通信联系。而围绕地球旋转或远离地球进入深空的飞船如果想和地面保持不间断的通信的话,就需要高速宽带中继通信系统的支持,将语音和视频图像中继链接到地面用户。这种高效的远距离的宽带中继通信,只有激光通信技术可以满足其需求。因此,伴随着太空旅游的发展而进步,未来行星际间激光中继通信将成为具有很大潜力的空空经济市场之一。

最后,封闭式生态保障系统,也就是水、空气、固体废物等的封闭循环系统,是所有载人空间站、月球基地和火星基地上必备的设施,也必然是空空经济的一部分。

法律与政治

与未来人类深空活动相关的法律和政治问题已经开始出现。2015 年以后，部分国家开始出台激励商业太空采矿的政策，吸引资本进入这一行业。这引起了联合国和平利用外太空办公室和其他国家的密切关注。因为这些政策模糊了联合国1967年由100多个国家联合签署的和平利用外太空条约中有关外太空是人类共同资产的原则。制定激励商业太空采矿政策的国家认为，他们也承认外太空属于全人类，但是如果有人自费出钱到外太空找到一些资源并出售，就和在地球上的公海中去捕鱼，然后再带回岸上销售的行为类似。然而，反对方则认为，公海中的鱼是可再生资源，而外太空的矿物和燃料是不可再生资源，所以不能归为己有。外太空应该像南极一样，只能用于各国进行科学研究和考察，不能到那里去获取资源。

　　回顾人类的发展史,类似的情况曾经不断地出现,比如新大陆的发现与占有,领海和领空的定义,等等。1967年正处在美苏太空争霸时期,除个别国家以外,绝大多数联合国成员国均没有开发太空的能力,所以制定相关的条约是合适的。但是同时也限制了航天先进国家在利用太空资源的技术发展上的动力和步伐。

　　从1967年到现在,50多年过去了。人类脱离地球引力进入太阳系的能力有了很大进步,成本进一步降低。特别是商业航天的发展,促使太空旅游正逐渐进入普通人的生活。人类离开地球摇篮的梦想,正在一步一步地实现。因此,有必要对联合国1967年的和平利用外太空条约进行修改。

　　修改的原则应该围绕以下两个要点:第一,公平原则,也就是坚持外太空属于全人类,任何国家和个人不能将其霸占。比如不能在月球上划出私有领地。第二,鼓励发展原则,也就是条约应该鼓励发展,激励人类拓展活动空间,尽快走出地球摇篮。因此,应该鼓励商业公司开发地外资源利用技术,并获得利润。比如从月壤中提取燃料和其他生产原料并在太空中销售。联合国的条约应该与时俱进,人类开发活动到了哪里,相关的国际法就应该研究、确定和实施到哪里,不能成为人类开发外太空和走出地球摇篮的障碍。

最后,我们不得不讨论相关的政治问题。地球上的国际政治和地缘政治是目前人类发展过程中必须克服的巨大障碍。第二次世界大战之后,美国和苏联作为世界上的两个超级大国,曾经主导了联合国的成立和各种国际治理体系的建设。但是在苏联解体,美国一家独大之后,公平和正义逐渐退位,傲慢和偏见以及独家私利优先逐渐成为美国可以随意公开使用的原则。同时,这实际上也正在慢慢地削弱美国的威信和领导力。人类在地球上的可持续发展再次遇到了巨大的挑战。如果这样的政治格局延伸到外太空,必然会给人类未来的发展带来威胁。很难想象,未来的月球人类定居点之间,延伸了地球上人类的地缘政治关系。未来的月球移民、火星移民和地球人类之间可能出现经济和政治分歧,甚至是战争。如果真是那样,要么是我们人类走出地球的行为出现得太早,技术先于思想观念,形成了内卷;要么就是发展得太快,跳跃过了必须经历的发展阶段,在太空旅游使得人类政治观念整体发生改变之前,过早地进入了太空移民阶段。

　　总之,我们人类面临的最紧迫的问题,就是发展深空探测科学与技术,推动太空旅游的普及,从而影响人类整体的思想观念,在地球政治中坚持地球整体可持续发展优先和人类命运共同体的理念,而不是跨越必须经过的太空旅游阶段,过早地移民去月球和火星。

参考文献
Reference

弗洛里安·M.内贝尔.月球移民指南.赖可,译.北京:机械工业出版社,2020.

Buckminster R F. Operating Manual for Spaceship Earth. Zurich: Lars Müller Publishers, 2008.

Michel Van P. Space Tourism: Adventures in Earth Orbit and Beyond. New York: Praxis Publishing Ltd, 2005.

Robert P. Earthrise: How Man First Saw the Earth. New Haven: Yale University Press, 2008.

Barlow Nadine G. 火星:关于其内部、表面和大气的引论. 吴季,赵华,等,译. 北京:科学出版社,2010.

吴季.太空旅游. 北京:科学出版社,2021.

克里斯托弗·万杰克.太空居民:人类将如何在无垠宇宙中定居.李平,译.北京:社会科学文献出版社,2021.

后记
Postscript

　　在我停笔的时候，俄乌战争仍在进行之中，每天的新闻都被各种制裁和来自乌克兰的惨烈的战争场面所充斥。这和我去年刚刚开始动笔时形成了强烈的反差。去年，我们听到的是不断传来的，哪怕仅仅是近地轨道的太空旅游的新闻，多么让人激动和浮想联翩！我不禁问自己，我们长期以来笃信的，那句齐奥尔科夫斯基的名言——"地球是人类的摇篮，但是人类不可能永远待在摇篮中"——是说错了吗？

　　美国实施的阿波罗计划给人类带来的期望，现在仍然令我们难忘。最主要的原因也许是，那时候的美国政治家选择站在道德的制高点上，将自己的政治计划摆在了代表人类走出地球摇篮的名义上。50多年之后，原来的对手苏联已经解体，美国没有了竞争对手并变得一家独大，那些曾经的道德面孔荡然无存,变成了充满傲慢与偏见的无所不用其极的封锁、制裁和打压,将刚刚发展起来,仅仅因为整体经济体量大但仍然相对落后的中国,作为他们必须加以抑制的对手。尤其是在太空科技中,他们无法容忍中国的进步,拒绝了任何双边的合作与来往。近20年来,美国针对中国在空间科学和技术上的隔离与封锁已经远远超过了冷战时期对苏联太空计划的态度。

正是因为如此,人类在太空中的活动更需要正义的价值观的指引。将太空仅仅看作竞争的战场的企图,显然会给人类未来的发展带来悲剧的结局。越是在这个时候,人类越需要更大的格局,更需要从历史发展的长远角度来引导我们太空活动的行为规范。也正是在这样一个大的背景之下,我开始思考走进深空的问题。不是从冷战,也不是从竞争,而是从人类发展的视角,对走进深空的现在和未来进行宏观层面的梳理和展望。人类在这个问题上需要重新回到道德的制高点,用在这个制高点上的大格局来俯视那些地缘政治的低谷,让那些短视的政客及其政策没有藏身之地。这也许就是我动笔写这本书的初衷。

中国的读者们同样需要注意，我们要从中华民族伟大复兴的角度出发，站在人类的角度思考未来。因为只有中华民族的复兴是不够的。中华民族如果能够带领人类来思考我们共同的未来，才能做到真正的复兴。复兴不单单是提升自我，超越他人，还应该是具备代表人类，思考全人类的未来的能力和远见。

大部分年长的读者都经历过中国远远落后于世界先进国家的历史时期，因此爱国在他们心里也许就像国歌里唱的那样，"用我们的血肉筑起我们新的长城"，这是完全可以理解的。大部分的中年读者，经历过改革开放的巨大变化，更倾向于将中国放在与世界平等的地位上去思考，思考我们的世界观、价值观与其他国家的相同与不同。而更为年轻的一代人，他们也许已经开始思考中国如何引领世界。当他们不认同那些傲慢和偏见的时候，也许会思考：如何建立我们的天下观？我们的道德制高点在哪里？如果这些年轻人读了这本书，也许会得到一些答案。

也许太空并不能代表人类全部的未来，也许并不是所有的人都希望离开地球到太空去看看。那么，看了这本书之后，会不会勾起你想到太空去走一趟的愿望呢？我希望你的这个愿望在未来的10年内就可以实现。在你返回我们的地球家园后，希望你带着你的体验和思考再读读这本书，看看能否与我在本书中表述的观点产生共鸣。如果有些许的共鸣，我想我将这些思考写下来并发表的目的就达到了。

　　谢谢你读完本书，祝君安好！